4차 산업혁명 시대 IT 영재를 위한 필독서

Computational Thinking

IT영재를 위한 이산수학

정보올림피아드

정보(SW,로봇)영재원

Discrete Mathematics

중등

● 정보 올림피아드 이산수학 기출문제 풀이
● 정보영재원 영재성 검사 대비
● 정보영재원 창의적 문제해결검사 대비

● 정보 올림피아드 1차대회 이산수학을 대비하기 위한 표준서

IT 영재를 위한 **이산수학_중등**

발행 2023년 6월 30일
저자 조재완·김도형·김형진·안성호
발행인 정지숙

발행처 (주)잇플ITPLE
주소 서울특별시 동대문구 답십리로 264 성신빌딩 2층 | 전화 0502_600_4925 | 팩스 0502_600_4924
홈페이지 www.itpleinfo.com | e-mail itple@itpleinfo.com | 카페 http://cafe.naver.com/arduinofun

제작 도서출판 (주)잇플 ITPLE | 편집 잇플 ITPLE 출판편집팀
ISBN 979-11-91198-33-1 53410

• 교재 학습 자료: http://cafe.naver.com/arduinofun

머리말

소프트웨어 교육 및 인공지능 교육이 활성화됨에 따라 이를 이론적으로 뒷받침 해주는 이산수학 분야의 교재가 필요한 실정입니다. 그런데 시중에 나와 있는 교재 들은 대학교재여서 중학생이 이해하기 어렵습니다.

현재 정규 수학 과정에 포함된 내용 중에 이산수학 부분이 있고 사고력 수학 교 재 중에도 이산수학 내용이 포함되어 있습니다. 그러나 정보올림피아드나 정보 (SW)영재원을 대비하는 수험생들은 모든 내용을 다 공부할 필요는 없고, 시험에 나 오는 이산수학 내용을 집중적으로 학습하면 됩니다. 따라서 이 책은 정보올림피아 드 기출문제 중심으로 수험생들의 공부에 최적화된 내용으로 구성했습니다.

매년 정보(SW)영재원 선발인원은 1만여 명, 정보올림피아드 응시인원은 5천여 명에 달하고 있습니다. 그래서 이를 대비하는 인원을 4배수로 계산하면 매년 5만 명 이상이 정보영재원과 정보올림피아드를 대비하고 있다고 할 수 있습니다.

이 시험의 핵심은 이산수학입니다. 그러나 시험 대비 교재로 사용할 수 있는 초· 중등 이산수학 교재는 전혀 없어서 학생들은 사고력 수학 교재로 시험을 대비하는 실정입니다.

수험생에게 필요한 것은 이산수학의 내용을 이론적으로 빠르게 정리하고, 기출 문제 유형을 익혀서 이에 맞는 수험대비 전략을 세우고 학습하는 것이 필요합니다. 이 책은 이런 수험생의 필요에 맞춰 정보올림피아드 시험에 완벽히 대비할 수 있게 만들었습니다.

책 소개

PART I 이산수학 시험 대비 전략

정보올림피아드 시험의 이산수학을 대비하는 방법에 관해 소개합니다.

PART II 이산수학 이론 요점 정리

정보올림피아드에 출제되는 이산수학 문제 및 알고리즘 문제를 풀기 위한 이산수학적인 내용에 대해 요점 정리식으로 탐구합니다.
이론을 학습한 후 간단히 기초 문제를 풀어 볼 수 있게 했습니다.

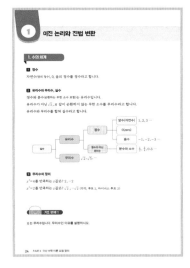

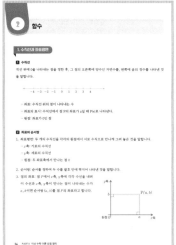

PART III 이산수학 문제해결 전략

최근 3개년 정보올림피아드 1차 시험, 1교시 유형 1에 대한 기출문제를 풀면서 문제해결 전략을 익힙니다.

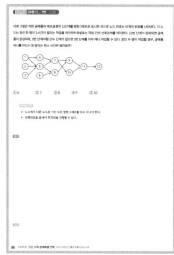

PART IV 이산수학 4개년 기출문제

이산수학 4개년 기출 문제 풀이를 통해 실전 문제 풀이 능력을 키웁니다.

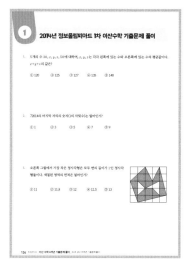

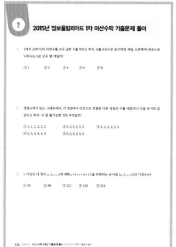

PART V 이산수학 모의고사

2022년 정보올림피아드 1차 대회 기출문제를 모의고사 식으로 풀어보고 실력을 확인합니다.

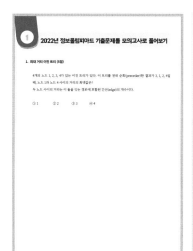

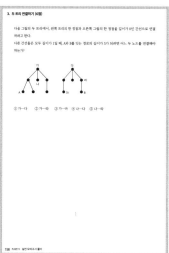

목차

PART I

이산수학 시험 대비 전략

1. 정보 올림피아드 시험 개요

1. 정보 올림피아드 시험 개요

대회 개요	정보올림피아드는 알고리즘을 중심으로 정보 분야 문제해결을 겨루는 국내 최고의 수재들이 응시하는 대회입니다.
주관기관	한국정보학회
대회 사이트	https://koi.or.kr
대회 일정	1차 대회: 매년 5월경 실시 2차 대회: 매년 7월경 실시
대회 참여	초등부, 중등부, 고등부 학년별로 지원
시험 과목	1차 대회: 이산수학, 비버챌린지 유형 정보과학문제, 알고리즘 문제해결 2차 대회: 알고리즘 문제해결

2. 정보올림피아드 시험 출제 유형

	1차 대회			2차 대회
	유형 1	유형 2	유형 3	유형
출제 영역	이산수학	정보과학	프로그래밍	프로그래밍
문항 수	12문항	8문항	2~3문항	4문항
문제 스타일	기존 정보올림피아드 컴퓨팅과 문제해결과 동일한 형태	비버챌린지 형태	기존 정보올림피아드 지역대회 또는 전국대회 1, 2번 수준의 알고리즘 문제	기존 정보올림피아드 전국대회 1, 2, 3, 4번 수준의 알고리즘 문제
배점	100점	100점	200점	400점

3. 정보올림피아드 수상권 점수

　　정보올림피아드 1차 대회에서 동상 이상을 받으면 2차 대회에 출전할 수 있습니다. 매년 점수 편차는 있으나 평균적으로 정보올림피아드 1차 대회 동상 정도를 받을 수 있는 점수는 이산수학 70점 이상, 비버챌린지 70점 이상, 알고리즘 100점 이상으로 240점 이상이면 2차 대회에 나갈 수 있습니다.

정보올림피아드 2차 대회 수상 점수도 매년 편차는 있지만, 평균적으로 4문제를 모두 맞을 경우 금상, 3문제를 맞으면 은상, 2문제를 맞으면 동상, 1문제를 맞으면 장려상 수준입니다.(매년 실시하는 시험의 난이도에 따라 커트라인 점수는 다소 달라집니다.)

4. 정보올림피아드 시험이 중요한 이유

정보올림피아드 시험은 초중고 학생들이 치를 수 있는 IT분야 최고 권위의 시험입니다. 교육청 및 대학 부설 정보영재원 시험의 경우 상위 3~5% 수준의 능력을 요구하지만, 정보올림피아드 시험은 상위 1% 이내의 능력을 요구합니다.

정보영재원 시험에는 주로 이산수학적 내용이 나오며, 매년 열리는 비버챌린지 시험은 정보과학 시험 중에서도 아주 유명합니다. 또한 코드페어나 각종 프로그래밍 대회에서 알고리즘 실력을 겨루는 대회는 많습니다.

정보올림피아드는 이산수학, 비버챌린지, 알고리즘 이 세 가지를 종합적으로 평가해 최고 수준의 IT 영재들을 발굴합니다. 따라서, 정보올림피아드 시험에 수상할 경우 중등 정보영재원에 진학하는 것이 유리하며, 디지털미디어고 등 IT 관련 고등학교 특별전형 대상자가 될 수 있습니다. 더 나아가 고교생은 각종 SW 특성화 대학에 특례입학 전형 시 가산점 혜택 등으로 입할할 때 유리합니다.

2. 정보올림피아드 1차 대회 1교시, 이산수학 출제 경향

1. 이산수학이란?

정보 영재란 이산수학적 사고가 뛰어난 학생입니다. 이산(discrete)이란 서로 다르던가 또는 연결되지 않은 원소들로 구성된 것을 말하며 이산적인 내용을 다루는 것을 이산수학 또는 전산수학이라고 합니다.

현재 우리가 다루는 프로그래밍 언어, 소프트웨어 공학, 자료구조 및 데이터베이스, 알고리즘, 컴퓨터 통신, 암호이론 등의 컴퓨터 응용 분야에서 이산수학적 내용이 적용되고 있습니다. 즉, 정보과학을 심도 있게 공부하려면 이산수학을 잘할 수 있어야 합니다. 이런 까닭으로 정보영재교육원에서는 이산수학과 관련된 내용으로 정보 영재를 판별하고 있으므로 이산수학에 대한 학습을 해야 합니다.

이산수학 분야의 출제 영역을 정리하면 다음과 같습니다.

이산 수학 내용 체계

이산 수학 영역	이산수학 세분화	이산수학적 사고 능력
• 선택과 배열 • 그래프 • 알고리즘 • 의사결정과 최적화	**선택과 배열** • 순열과 조합 • 포함과 배제(집합) **그래프** • 수형도 • 그래프, 트리 • 여러 가지 회로 **알고리즘** • 그래프 활용 • 수와 알고리즘 • 순서도 • 점화 관계 **의사결정과 최적화** • 의사결정 과정 • 최적화 알고리즘	• 직관적 통찰 능력 • 수학적 추론 능력 • 정보의 조직화 능력 • 정보의 일반화 및 적용 능력 • 논리적인 문제 해결 능력 • 해결방법의 다양성 추구 능력

이산수학 내용을 바탕으로 이산수학 관련 문항을 세부적으로 나타내면 다음과 같습니다.

영역	내용		이산수학 관련 문항
선택과 배열	순열과 조합	순열	• 대표 선출하기
		조합	• n개 중 두 개의 점을 지나는 직선의 수
			• n개 중 세 개의 점으로 만들 수 있는 각의 수
	세기의 방법	배열의 존재성	
		포함배제의 원리	• 합집합의 원소의 개수(합의 법칙)
		집합의 분할	• 부분집합의 개수
		수의 분할	• 자연수를 몇 개의 자연수의 합으로 나타내는 방법의 수
		여러 가지 분배의 수	• 이진수로 나타낼 수 있는 n자리 수의 개수
그래프	그래프	그래프의 뜻	• 약수 문제, 버스 노선, 통신망
		여러 가지 그래프	
	수형도	여러 가지 수형도	• 연산의 순서
		생성의 수형도	
	여러 가지 회로	오일러 회로	• 쾨니히스베르크 다리 문제(한붓그리기)
		해밀턴 회로	• 정다면체(오일러의 정리)
	그래프의 활용	행렬의 뜻	
		그래프와 행렬	
		색칠 문제	• 지도 색칠하기
알고리즘	수와 알고리즘	수와 규칙성	• 쌓기나무의 겉넓이, 수의 일의 자릿수, 프랙털
		수와 알고리즘	• 카드 맞히기 게임, 바코드, 암호놀이
	점화 관계	두 항 사이의 관계식	• 식탁의 수, 삼각수, 사각수, 정수를 두 제곱수의 차로 나타내기, 하노이 탑*
		세 항 사이의 관계식	• 정사각형의 변의 길이, 피보나치 수열*
의사결정의 최적화	의사결정과정	2×2 게임	
		선거와 정당성	• 골드바흐의 추측(소수)
	최적화와 알고리즘	계획 세우기	• 음식 주문하기, 썩은 계란 꾸러미 찾아내기
		그래프와 최적화	

* 출처: 논문, 중학교 수학에서 이산수학 지도 가능성 탐색(2001, 김지현)

정보올림피아드 시험에서의 수학 출제 범위는 반드시 이산수학만 나오는 것이 아니므로 평소 창의사고력 수학을 공부해 놓으면 도움이 됩니다.

2. 이산수학 출제 경향

다음은 2019년도 정보올림피아드 1차 중등부 기출문제 문항을 분석한 것입니다.

2019 정보올림피아드 1차 중등부 기출문제
번호	유형 1 이산수학 출제 문제 내용
1번	이진수 표현문제
2번	연속된 자연수에서 하나의 수를 뺀 수의 합 구하기
3번	진법 체계
4번	강 건너기 문제(최소 횟수로 구하기)
5번	달력에서 요일 계산하기 문제
6번	한붓그리기 문제
7번	공예품의 제조공정 문제(방향 그래프)
8번	하노이 탑 문제
9번	회문 문제
10번	타일 채우기 문제
11번	기하 패턴 문제
12번	백만 번째 자릿수 찾기(수리 감각)

1교시 유형 1 이산수학 문제에서는 그래프, 진법 등 이산수학에서 필수적으로 탐구해야 하는 요소가 나오고 회문, 타일 채우기, 하노이 탑 등 알고리즘을 풀 때 필요한 것을 수학적으로 접근하는 내용이 출제된다는 점을 알 수 있습니다. 연속된 자연수나 백만 번째 자릿수 등 수 감각을 요구하는 문제는 전통적으로 많이 출제된 형태입니다.

정보올림피아드 1차에서 이산수학은 유형 1에서 12문항이 나오지만, 유형 2 비버챌린지 정보과학 문항 8문제를 분석한 결과 비버챌린지 유형도 60% 이상이 이산수학 기반하에 풀어야 합니다.

2019 정보올림피아드 1차 중등부 기출문제	
번호	유형 2 비버챌린지 출제 문제
1번	팬케이크 문제(공간지각력 – 좌우 반전)
2번	정렬된 숫자의 곱(수리 연산 감각 – 특정한 곱셈 값 추출하기)
3번	숫자가 쓰여진 빵 고르기(수리 연산 감각 – 합의 최대)
4번	버튼 누르기(이진수 체계)
5번	위치 영역 찾기(좌표와 공간, 포함과 배제)
6번	최적화 문제(최적 연산)
7번	게임 전략
8번	최단 경로

정보올림피아드 1차 2교시 알고리즘 두 문항을 분석해 보면 단순히 코딩만 해서는 풀리지 않으며, 수 감각 및 도형에 대한 배경 지식이 있어야 풀 수 있음을 알 수 있습니다.

2019 정보올림피아드 1차 중등부 기출문제	
번호	유형3 알고리즘 문제 내용
1번	양팔 저울 문제 – 정수 개념
2번	직각다각형 – 좌표평면, 응용 평면도형

3. 정보올림피아드 1차 대회 2교시, 알고리즘 문제 속의 이산수학

정보올림피아드의 알고리즘 문제를 푸는 데에도 이산수학적 내용은 중요합니다. 문제를 읽은 후 먼저 이산수학적으로 분석해서 핵심적인 공식을 코드로 표현하는 능력이 요구됩니다.

지역 본선 12년(2004~2015), 전국본선 10년(2008~2017), 최근 정보올림피아드 1차 대회 3년(2019~2021)에 대한 알고리즘 문제에 대해 이산수학적 내용을 분석해 본 결과 주로 다음과 같은 이산수학적 내용이 필요함을 알 수 있습니다.

- 수학은 최소 중1 수학 개념이 완성되어 있어야 한다.(약수와 배수, 공약수와 공배수, 최대공약수와 최소공배수, 소수, 평균, 대푯값)
- 최대, 최소 문제가 많이 출제된다.
- 최적화 문제가 많이 출제된다.
- 좌표평면(격자)을 도형과 결합한 문항을 분석할 수 있어야 한다.
- 그래프, 트리와 관련된 내용을 이해할 수 있어야 한다.
- 함수, 수열, 집합의 개념을 알고 있어야 한다.

1. 중등 최근 기출문제

	알고리즘 1번	이산수학의 적용	알고리즘 2번	이산 수학의 적용
2019	양팔 저울_중등부 _최신 1차_2019_01	양팔 저울을 한 번만 사용해서 측정이 불가능한 경우의 수	직각다각형_중등부 _최신 1차_2019_02	단순직각다각형의 수평선분과 가장 많이 교차하는 횟수
2020	햄버거 분배_중등부 _최신 1차_2020_01	햄버거와 사람의 위치로부터 햄버거를 먹을 수 있는 최대 수 구하기	다이어트_중등부 _최신 1차_2020_02	최저 영양소 기준을 만족하는 최소 비용의 식재료 집합 찾기
2021	꿀 따기_중등부 _최신 1차_2021_01	벌들이 딸 수 있는 가능한 최대의 꿀의 양	두 개의 팀_중등부 _최신 1차_2021_02	트리 구조를 이용한 점수의 최대 합 구하기

2. 중등 지역 본선

	알고리즘 1번	이산수학의 적용	알고리즘 2번	이산 수학의 적용
2004	최대공약수와 최소공배수_중등부_2004_01	최대공약수, 최소공배수	비슷한 단어_중등부_2004_02	단어의 배열에 따른 일치성 찾기
2005	대푯값_중등부_2005_01	평균, 대푯값, 중앙값	색종이_2005_02	정사각형의 면적
2006	소수_중등부_2006_01	소수의 합과 최솟값	빙고_중등부_2006_02	빙고 게임의 수학(5X5 격자 구조)
2007	최댓값_중등부_2007_01	최댓값과 최댓값의 순서	색종이-2_중등부_2007_02	정사각형 영역의 둘레
2008	점수 계산_중등부_2008_01	누적 점수의 합계	괄호의 계산_중등부_2008_02	문자열의 수치전환
2009	연속구간_중등부_2009_01	양의 정수 내의 연속 숫자 구하기	금강석_중등부_2009_02	좌표평면 내의 사각형의 영역
2010	주사위 세 개_중등부_2010_01	주사위를 던지는 경우의 수에 따른 계산식	참외밭_중등부_2010_02	육각형의 둘레의 길이와 넓이
2011	지능형 기차_중등부_2011_01	변량 구간에서 최대수 구하기	공주님의 정원_중등부_2011_02	달력의 날짜 구간에서 최소 개수 구하기
2012	인공지능 시계_중등부_2012_01	시분초 시각 계산	회전 초밥_중등부_2012_02	그래프를 이용한 가능한 경우의 가짓수에 대한 최댓값
2013	간지_중등부_2013_01	60갑자를 문자열로 전환하기	고기잡이_중등부_2013_02	N X N 좌표에서 특정 영역의 최대수 구하기
2014	자리배정_중등부_2014_01	격자 모양의 공간에서 특정 좌표 구하기	개미_중등부_2014_02	격자 공간에서 일정 속력으로 움직이는 개미의 좌표 구하기
2015	카드게임_중등부_2015_01	카드게임에서 승패 구하기	쇠막대기_중등부_2015_02	막대기를 일정한 구간으로 조각낼 때의 개수 구하기

3. 중등 전국본선

	알고리즘 1번	이산수학의 적용	알고리즘 2번	이산 수학의 적용
2008	월드컵_중등부_전국_2008_01	승무패 3가지 경우에 따른 조합	채점_중등부_전국_2008_02	문항별 배점에서 총점으로 나올 수 없는 최솟값
2009	두 대표자 연수_중등부_전국_2009_01	전체의 합을 최소로 하는 자연수	전구 숫자_중등부_전국2009_02	이진수와 십진수
2010	두 용액_중등부_전국_2010_01	N개의 정수에 대한 정렬값	모빌 이진수_중등부_전국_2010_02	이진수 응용

3. 정보올림피아드 1차 대회 2교시, 알고리즘 문제 속의 이산수학

17

PART I
이산수학 시험 대비 전략

2011	공약수_중등부_전국_2011_01	두 수를 최대공약수와 최소공배수로 하는 두 개의 자연수	모양 정돈_중등부_전국_2011_02	연속하도록 정돈하기 위해 필요한 맞바꾸기 의 최소 횟수
2012	예산_중등부_전국_2012_01	예산 배정에 있어 최적화 문제	전시장_중등부_전국_2012_02	가격의 합이 최대가 되도록 그림을 배치할 때, 최대합 구하기
2013	사냥꾼_중등부_전국_2013_01	x-y좌표 내에서 잡을 수 있는 동물의 수	입력 숫자_중등부_전국_2013_02	프로그램의 결과 생성된 값을 바탕으로 입력된 값 찾아보기
2014	격자 상의 경로_중등부_전국_2014_01	격자 정보를 바탕으로 서로 다른 이동 경로의 수 구하기	관중석_중등부_전국_2014_02	동심원 모양의 관중석에서 좌석의 수 구하기
2015	동전 게임_중등부_전국_2015_01	K 이하인 정수가 특정 점수가 될 수 있는지 여부 파악	카드게임_중등부_전국_2015_02	카드게임에서 최종점수의 최댓값 구하기
2016	방 배정_중등부_전국_2016_01	최적으로 방을 배정할 수 있는 최소한의 방의 개수 구하기	주유소_중등부_전국_2016_02	한 도시에서 다른 도시로 가는 최소 비용 구하기
2017	방 배정하기_중등부_전국_2017_01	배정된 모든 방에 빈 침대가 없도록 배정하는 방법	곡선 자르기_중등부_전국_2017_02	직교다각형의 포함관계

4. 정보올림피아드 이산수학 대비 전략

기출 문제 분석을 바탕으로 해서 이산수학 대비 전략을 세워 봅니다.

1. 중등 수학에 대한 배경 지식

최소 중1 수학에 대한 개념이해 혹은 심화, 응용 능력이 있어야 합니다. 경우에 따라서는 중2, 3 수학 개념까지 알고 있으면 더 좋습니다.

2. 이산수학적 내용 숙지

진법 변환, 수열, 순열과 조합, 함수, 그래프와 트리, 스택과 큐 등 중학교 정규 교과과정에 나오지 않는 이산수학적 내용을 파악하고 있어야 합니다.

중등 참고서나 문제집, 서적 등에서 이산수학과 관련된 책이 없으므로 이 책의 PART II 이산수학 핵심 이론 요점정리를 빠르게 공부해야 합니다.

3. 알고리즘(C언어, 파이썬 등) 문제를 풀 때 이산수학적 내용 정리

정보올림피아드를 대비하다 보면 필수적으로 알고리즘 내용을 탐구하게 됩니다.

회문, 하노이 타워, 배열 등 알고리즘을 탐구하면서 나오는 수학은 대부분 이산수학적 내용이며 코드를 짜고 결과만 알아볼 것이 아니라, 그때그때 알고리즘 문제를 풀면서 이산수학적 내용을 정리하는 습관을 들이면 좋습니다.

4. 기출 문제를 통한 유형 학습

마지막으로 최소 5개년 이상의 기출문제를 풀어서 유형을 익혀야 합니다. 매년 새롭게 출제되는 이산수학 문제의 경우 기출문제와 유사한 패턴이 60% 정도 되므로, 기출문제를 풀 수 있으면 이산수학의 고득점에 큰 도움이 됩니다.

PART II

이산 수학 이론 요점 정리

중등 이산수학 이론 요점정리는 중학교 1학년 1학기 유리수의 계산 및 방정식의 기초를 아는 수험생이 단계적으로 탐구해 나가면 이해할 수 있도록 구성되어 있습니다.

이산수학은 중학교 교과에 없는 내용이 많으며 어떤 내용은 고등학교 과정과 연계되어 있습니다.

정보올림피아드 출제 경향에 맞춘 이론으로 빠르게 학습한 후 시험을 대비하도록 구성되어 있습니다.

이진 논리와 진법 변환

1 정수

자연수(양의 정수), 0, 음의 정수를 정수라고 합니다.

2 유리수와 무리수, 실수

정수와 분수(순환하는 무한 소수 포함)는 유리수입니다.

유리수가 아닌 $\sqrt{2}$, π 같이 순환하지 않는 무한 소수를 무리수라고 합니다.

유리수와 무리수를 합쳐 실수라고 합니다.

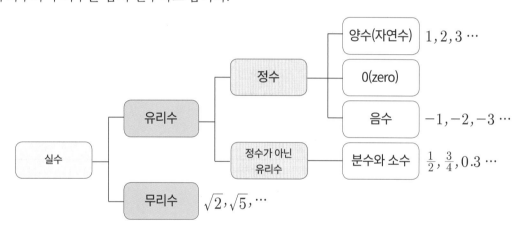

3 무리수의 정의

$x^2=4$를 만족하는 x값은? 2, -2

$x^2=2$를 만족하는 x값은? $\sqrt{2}$, $-\sqrt{2}$ (각각, 루트 2, 마이너스 루트 2)

 **기초 문제 1**

π는 무리수입니다. 무리수인 이유를 설명하시오.

2. 컴퓨터의 수 체계

컴퓨터에서 주로 사용하는 수의 체계를 알아봅니다.

1 이진수와 십진수

사람은 10진법으로 수를 표현하고, 컴퓨터는 2진법으로 데이터를 표현하고 연산을 수행합니다.

[1] **이진수**: 0과 1로 이루어진 수를 이진수라고 합니다.

> 예 0, 1, 00, 01, 11, 01001101, …

[2] **십진수**: 0과 9까지의 숫자를 이용해 수를 표현합니다.

> 예 5, 13, 123, 3543, …

2 8진수와 16진수

컴퓨터의 발전으로 데이터의 종류와 크기가 커지면서 요즘은 8진수, 16진수도 함께 쓰입니다.

[1] **8진수**: 0과 7까지의 숫자(0, 1, 2, 3, 4, 5, 6, 7)를 이용해 수를 표현합니다.

> 예 06, 07

[2] **16진수**: 0에서 9까지의 숫자와 A부터 F까지의 영문자(0, 1, 2, 3, 4, 5, 6, 7, 8, 9, A, B, C, D, E, F)를 이용해 수를 표현합니다.

> 예 09, F, A4

기초 문제 2

※ 다음 2진수, 8진수, 16진수에 대한 덧셈, 뺄셈 연산을 해보시오.

$$1010_{(2)}+111_{(2)}$$

$$101_{(2)}-11_{(2)}$$

$$146_{(8)}+75_{(8)}$$

$$5A3_{(16)}+CF_{(16)}$$

3. 진법 변환

진법 사이에는 변환이 가능합니다.

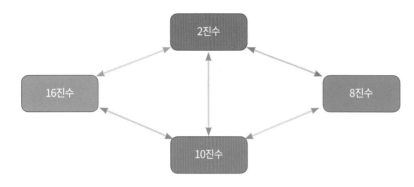

기초 문제 3

1. 다음 10진수를 2진수로 바꾸세요.

   49

2. 다음 10진수를 8진수로 바꾸세요.

   498

3. 다음 10진수를 16진수로 바꾸세요.

   372

4. 아래 수를 10진수로 바꾸세요.

   2진수 11011:

   8진수 74:

   16진수 2AC :

4. 거듭제곱과 지수 계산

1 거듭제곱 표현하기

$2 \times 2 = 2^2 = 4$입니다.

$2 \times 2 \times 2 \times 2 \times 2 = 2^5 = 32$입니다.

2^5에서 2를 밑이라고 하고, 5를 지수라고 합니다.

2 거듭제곱 연산

a, b, m, n을 0이 아닌 자연수라고 하자. 다음이 성립합니다.

$$a^m \times a^n = a^{m+n}$$

$$(a^m)^n = a^{mn}$$

$$\frac{a^n}{a^m} = a^{n-m} \ (n > m)$$

$$\frac{a^n}{a^m} = \frac{1}{a^{m-n}} \ (m > n)$$

 기초 문제 4

※ 다음을 계산하시오.

1. $(2^3 \times 2^4)^5 =$

2. $\dfrac{2^2}{2^5} =$

5. 거듭제곱을 이용한 데이터 계산

1 1byte를 거듭제곱으로 표현하기

정보의 최소단위는 비트를 사용합니다.

1bit는 이진수 0 또는 1입니다.

2bit는 이진수 두 자리로 나타냅니다.(00, 01, 10, 11) 총 2^2=4개까지 나타낼 수 있습니다.

3bit는 이진수 세 개를 연속으로 나열합니다. 총 2^3=8개까지 나타낼 수 있습니다.

4bit는 2^4=16개, 5bit는 2^5=32개, 6bit는 2^6=64개, 7bit는 2^7=128개, 8bit는 2^8=256개까지 나타낼 수 있습니다.

8bit는 예를 들면 1101 0001과 같이 이진수 8자리로 나타냅니다.

2 킬로(Kilo), 메가(Mega), 기가(Giga), 테라(Tera) 표현하기

1 Kilo Byte = 1000 Byte(정확히는 2^{10}=1024Byte)

1 Mega Byte = 1000 Kilo Byte

1 Giga Byte = 1000 Mega Byte

1 Tera Byte = 1000 Giga Byte

 **기초 문제 5**

※ 다음 물음에 답하시오.

1. 16bit로 표현할 수 있는 수의 크기를 쓰시오.

2. 16bit의 예를 이진수로 나타내시오.

6. 컴퓨터에서의 수의 범위를 거듭제곱으로 나타내기

자료형(data type)		할당되는 메모리 크기	표현 가능한 데이터 범위
정수형	char	1byte	-128 ~ +127
	short	2byte	-32,768 ~ +32,767
	int	4byte	-2,147,483,648 ~ +2,147,483,647
	long	4byte	-2,147,483,648 ~ +2,147,483,647
실수형	float	4byte	$3.4 \times 10^{-37} \sim 3.4 \times 10^{38}$
	double	8byte	$1.7 \times 10^{-307} \sim 1.7 \times 10^{308}$
	long double	8byte 또는 그 이상	차이를 크게 보임(double 이상의 표현 범위)

기초 문제 6

※ 컴퓨터에서의 메모리 크기를 거듭제곱으로 나타내시오.

자료형	메모리 크기	데이터 범위를 거듭제곱으로 표기
char	1byte	2^8
short	2byte	$2^8 \times 2^8 =$
int, long, float	4byte	
double	8byte	

7. 여러 가지 수

1 소수, 합성수, 소인수, 소인수분해

[1] 소수

1보다 큰 자연수 중에서 1과 그 자신만을 약수로 갖는 수가 소수입니다.

예를 들면 2, 3, 5, 7, …은 1과 그 자신만을 약수로 가지므로 소수입니다.

[2] 합성수

1보다 큰 자연수 중에서 소수가 아닌 수가 합성수입니다.

예를 들면 8은 1과 그 자신인 8 이외에 2, 4를 약수로 가지므로 합성수입니다.

[3] 소인수

자연수의 약수 중 소수인 것이 소인수입니다.

예를 들면 20의 약수는 1, 2, 4, 5, 10, 20이고, 이 중에 소수는 2, 5이므로 20의 소인수는 2, 5입니다.

[4] 소인수분해

합성수를 그 수의 소인수들만의 곱으로 나타낸 것을 소인수분해라고 합니다.

■ 소인수분해 방법

- 나누어떨어지게 하는 소수로 나누어 준다.
- 몫이 소수가 될 때까지 나누어 준다.
- 나눈 소수들과 마지막 몫을 곱셈 기호(×)로 연결해 준다.
- 소인수분해 한 결과는 작은 소인수부터 차례대로 쓰고, 같은 소인수의 곱은 거듭제곱으로 나타낸다.

예
$$
\begin{aligned}
60 &= 2 \times 30 \\
&= 2 \times 2 \times 15 \\
&= 2 \times 2 \times 3 \times 5 \\
&= 2^2 \times 3 \times 5
\end{aligned}
$$

예
$$
\begin{array}{r}
2\,)\,60 \\
\hline
2\,)\,30 \\
\hline
3\,)\,15 \\
\hline
5
\end{array}
$$

※ 숫자 2024에 대해 소인수분해를 해서 소수의 곱으로 나타내시오.

2 몫과 나머지

자연수 a를 자연수 b로 나눌 때, 몫을 p, 나머지를 r이라고 하면 다음 공식이 성립합니다.

$a=b \times q+r$ (단, r은 0 이상이고 b보다 작다.)

3 약수와 배수

자연수 a, b, c에 대하여, $a=b \times c$이면 b와 c는 a의 약수이고, a는 b와 c의 배수입니다.

  예 8$=1 \times 8=2 \times 4$이므로 8의 약수는 1, 2, 4, 8이고, 8은 1, 2, 4, 8의 배수이다.

  ＊ 1은 모든 자연수의 약수.

  ＊ 모든 자연수는 그 자신의 약수이면서 배수.

4 공약수, 최대공약수, 서로소

[1] **공약수:** 두 개 이상의 자연수의 공통인 약수를 공약수라고 합니다.

  예 6의 약수는 1, 2, 3, 6이고 12의 약수는 1, 2, 3, 4, 6, 12이므로 6과 12의 공약수는 1, 2, 3, 6이다.

[2] **최대공약수:** 공약수 중에서 가장 큰 것이 최대공약수입니다.

  예 6과 8의 공약수 1, 2에서 2가 최대공약수이다.

[3] **서로소:** 최대공약수가 1인 두 자연수를 말합니다.

  예 3과 7의 최대공약수는 1이다. → 3과 7은 서로소이다.

[4] **최대공약수의 성질:** 두 개 이상의 자연수의 공약수는 그 수들의 최대공약수의 약수입니다.

  예 6과 12의 공약수는 6과 12의 최대공약수인 6의 약수: 1, 2, 3, 6

[5] 최대공약수 구하기

■ 구하는 방법 1: 소인수분해 이용하기

① 각각의 자연수를 소인수분해한다.

② 공통인 소인수를 모두 곱한다.(소인수의 지수가 같으면 그대로, 다르면 작은 것을 택하여 곱한다.)

> 예 60과 54의 최대공약수 구하기
>
> $$60 \;=\; 2^2 \times 3 \times 5$$
> $$54 \;=\; 2 \;\times 3^3$$
> $$\overline{\text{최대공약수} \;=\; 2 \times 3 \qquad = 6}$$

■ 구하는 방법 2: 공약수로 나누기

① 1이 아닌 공약수로 각 수를 나눈다.

② 몫에 1 이외의 공약수가 없을 때까지 계속 나눈다.

③ 나누어준 공약수를 모두 곱한다.

$$
\begin{array}{r|cc}
2 & 60 & 54 \\
3 & 30 & 27 \\
\hline
 & 10 & 9
\end{array}
$$

최대공약수$= 2 \times 3 = 6$

5 공배수와 최소공배수

[1] 공배수: 두 개 이상의 자연수의 공통인 배수가 공배수입니다.

> 예 2의 배수는 2, 4, 6, 8, …이고 3의 배수는 3, 6, 9, …이므로 2와 3의 공배수는 6이다.

[2] 최소공배수: 공배수 중 가장 작은 것이 최소공배수입니다.

> 예 2와 3의 공배수는 6, 12, 18, …이다. 공배수 중 가장 작은 수인 6이 최소공배수이다.

[3] 최소공배수의 성질

· 두 개 이상의 자연수의 공배수는 그 수들의 최소공배수의 배수

· 서로소인 두 자연수의 최소공배수는 두 자연수의 곱

> 예 3과 7의 공배수는 최소공배수인 21의 배수: 21, 42, 63, …

> 예 4와 7은 서로소 → 4와 7의 최소공배수 28은 4와 7의 곱이다.

[4] 최소공배수 구하기

■ 구하는 방법 1: 소인수분해 이용하기

① 각각의 자연수를 소인수분해한다.

② 소인수를 모두 곱한다.(소인수의 지수가 같으면 그대로, 다르면 큰 것을 택하여 곱한다.)

> 例 60과 54의 최소공배수 구하기

$$60 = 2^2 \times 3 \times 5$$

$$54 = 2 \times 3^3$$

$$최대공약수 = 2 \times 3 \times 5 = 180$$

■ 구하는 방법 2: 공약수로 나누기

① 1이 아닌 공약수로 각 수를 나눈다.

② 몫에 1 이외의 공약수가 없을 때까지 계속 나눈다.

③ 나누어준 공약수와 마지막 몫을 곱한다.

$$
\begin{array}{r}
2\,)\underline{60\quad 54} \\
3\,)\underline{30\quad 27} \\
10\quad 9
\end{array}
$$

$$최소공배수 = 2 \times 3 \times 10 \times 9 = 540$$

6 최대공약수와 최소공배수의 관계

두 자연수 A, B의 최대공약수가 G이고 최소공배수가 L이라고 하자.

① $A = a \times G$, $B = b \times G$ (a, b는 서로소)

② $L = a \times b \times G$

$$
\begin{array}{r}
G\,)\underline{A\quad B} \\
a\quad b
\end{array}
$$

③ $A \times B = aG \times bG = abG \times G = L \times G$

기초 문제 8

※ 24와 36의 최대공약수와 최소공배수를 구하시오.

7 수의 일의 자릿수

13의 일의 자릿수는 3입니다.

12^2의 일의 자릿수는 144에서 4입니다. 이때 12의 일의 자릿수인 2를 곱해도 4를 구할 수 있습니다.

169^2의 일의 자리를 구해봅시다.

$169 \times 169 = 28561$을 계산해서 1을 구할 수 있습니다. 169의 일의 자리인 9를 제곱하면 81이고, 81의 일의 자리인 1이 주어진 답을 만족합니다.

12의 제곱과 169의 제곱에서 패턴을 발견하면, 어떤 수의 제곱을 했을 때 일의 자릿수는, 그 수의 일의 자리를 제곱했을 때의 일의 자리임을 알 수 있습니다.

2 함수

1. 수직선과 좌표평면

1 수직선

직선 위에 0을 나타내는 점을 정한 후, 그 점의 오른쪽에 양수인 자연수를, 왼쪽에 음의 정수를 나타낸 것을 말합니다.

- 좌표: 수직선 위의 점이 나타내는 수
- 좌표의 표시: 수직선에서 점 P의 좌표가 a일 때 P(a)로 나타낸다.
- 원점: 좌표가 0인 점

2 좌표와 순서쌍

1. 좌표평면: 두 개의 수직선을 각각의 원점에서 서로 수직으로 만나게 그려 놓은 것을 말합니다.
   - x축: 가로의 수직선
   - y축: 세로의 수직선
   - 원점: 두 좌표축에서 만나는 점

2. 순서쌍: 순서를 정하여 두 수를 괄호 안에 짝지어 나타낸 것을 말합니다.

3. 점의 좌표: 점 P에서 x축, y축에 각각 수선을 내려 이 수선과 x축, y축이 만나는 점이 나타내는 수가 a, b이면 순서쌍 (a, b)를 점 P의 좌표라고 합니다.

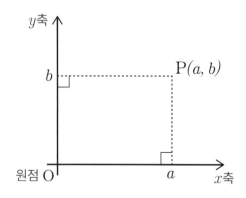

2. 함수와 함숫값

1 변수

변수는 x, y와 같이 변하는 양을 나타내는 문자를 말합니다.

2 함수의 정의

두 변수 x, y에 대하여 x의 값이 정해짐에 따라 y의 값이 하나로 정해지는 두 양 사이에 대응 관계가 성립할 때, y를 x의 함수라고 합니다.

3 일차함수

다음과 같은 경우를 일차함수라고 합니다.

$$y = ax + b$$

함수는 x값에 따라 y값이 달라집니다. $f(x) = ax + b$로도 표기합니다.

기초 문제 9

※ 일차함수 $y = 3x + 4$에 대하여, x의 값이 $-3, -2, -1, 0, 1, 2, 3$일 때 y의 값을 구하시오.

4 함수값

함수 $y = f(x)$에서 x의 값에 따라 하나씩 정해지는 y의 값, 즉 $f(x)$를 x의 함수값이라고 합니다.

함수는 다음과 같이 x와 y의 관계식으로 나타낼 수 있습니다.

$$y = f(x)$$

함수 f에서 x는 입력값이 되며, y는 출력값입니다.

$f(x) = 2x + 1$이라고 할 때, $x = 3$이면 $f(3) = 2 \times 3 + 1 = 7$입니다.

※ $f(x)=2(x-2)+3$ 이라고 하자. $f(4)$의 값을 구하시오.

2개의 값을 입력받을 때: 다음과 같이 입력값이 2개이고, 출력값이 하나인 함수를 탐구해 봅시다.

함수 f는 입력값 x, y에 따라 결괏값이 달라집니다.

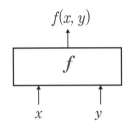

※ 다음과 같은 함수를 계산하시오.

$f(x, y)=2x+3y+1$ 이라고 하자.
$f(4, 5)=$

4 합성 함수

함수 f, g가 다음과 같다고 하자.
$f(x)=2x+1 \qquad g(x)=x+5$

$f(g(x))$는 함수 f와 g를 합쳐 놓은 것입니다. 합성함수는 두 함수를 합성하여 얻은 함수입니다.
$f(g(2))=f(2+5)=f(7)=2\times7+1=15$

※ 함수 $f(x)$와 함수 $g(x)$가 다음과 같을 때 합성함수 $f(g(2))$의 값을 구하시오.

$f(x)=x+4 \qquad g(x)=2x+6$
$f(g(2))=$

3 기하 패턴

1. 평면도형의 넓이와 둘레 공식

1 사각형의 넓이와 둘레

가로의 길이가 a, 세로의 길이가 b라고 하면 다음 공식이 성립합니다.

- 직사각형의 넓이: $S = a \times b$
- 직사각형의 둘레의 길이: $L = 2(a+b)$

2 삼각형의 넓이, 세 변의 길이의 관계, 피타고라스의 정리

1. 밑변의 길이가 a, 높이가 h라고 하면 다음 공식이 성립합니다.

- 삼각형의 넓이: $S = \dfrac{1}{2} \times a \times h = \dfrac{1}{2}ah$

2. 삼각형의 세 변의 길이가 a, b, c라고 하자. 삼각형의 두 변의 길이는 항상 나머지 한 변의 길이보다 큽니다.

- $a+b>c$
- $a+c>b$
- $b+c>a$

3. 직각삼각형의 빗변의 길이를 c, 나머지 두 변의 길이를 a, b라고 하자. 피타고라스의 정리는 다음과 같습니다.

- $c^2 = a^2 + b^2$

3 원의 면적과 원주의 길이

원의 반지름의 길이를 r, 원주율을 π라고 하면 다음 공식이 성립합니다.

- 원의 넓이: $S=\pi r^2$
- 원의 둘레(원주)의 길이: $2\pi r$

4 마름모의 넓이와 둘레

마름모의 대각선의 길이를 a, b라고 하자.

- 마름모의 넓이: $S = \dfrac{1}{2}ab$

마름모의 한 변의 길이를 c라고 하면 다음 공식이 성립합니다. 마름모의 모든 변의 길이는 같습니다.

- 마름모의 둘레의 길이: $L=4\times c=4c$

5 평행사변형의 넓이와 둘레

평행사변의 밑변의 길이를 a, 높이를 h라고 하자.

- 평행사변형의 넓이: $S=ah$

평행사변형의 이웃하는 두 변의 길이를 c, d라고 하자. 평행사변형의 마주 보는 변의 길이는 같습니다.

- 평행사변형의 둘레의 길이: $L=2b +2c = 2(b+c)$
- 평행사변형인 도형: 정사각형, 직사각형, 마름모는 평행사변형입니다.

6 사다리꼴의 넓이

사다리꼴의 밑변의 길이를 a, 윗변의 길이를 b, 높이를 h라고 하자.

- 사다리꼴의 넓이: $S = \dfrac{1}{2} \times (a+b) \times h = \dfrac{1}{2}(a+b)h$

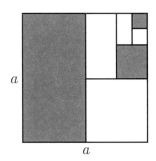

※ 한 변의 길이가 a인 정사각형을 절반의 크기로 계속 쪼개며 선을 표시했다. 아래와 같이 서로 이웃하지 않는 면에 색칠을 했다. 색칠한 부분의 면적을 문자로 나타내시오.

2. 입체도형의 부피와 표면적 계산

1 직육면체의 부피와 표면적

직육면체의 가로의 길이가 a, 세로의 길이가 b, 높이를 c라고 하면 다음 공식이 성립합니다.

- 직육면체의 부피: $V = a \times b \times c$
- 직육면체의 표면적: $S = ab + bc + ca$

2 정육면체의 부피와 표면적

정육면체의 한 변의 길이를 a라고 하면 다음 공식이 성립합니다.

- 정육면체의 부피: $V = a \times a \times a = a^3$
- 정육면체의 표면적: $S = 6 \times a^2 = 6a^2$

3 구의 부피와 표면적

구의 반지름의 길이를 r이라고 하면 다음 공식이 성립합니다.

- 구의 부피: $V = \dfrac{4\pi r^3}{3}$
- 구의 표면적: $S = 4\pi r^2$

※ 한 변의 길이가 3인 정육면체에서 각 면의 정중앙에 한 변의 길이가 1이고 길이가 3인 직육면체 형태로 위아래, 앞뒤, 좌우로 구멍을 뚫었다. 이 정육면체의 부피를 계산하시오.

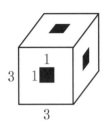

3. 좌표에 도형을 표현하고 넓이 계산하기

좌표평면에 아래와 같은 도형을 그렸을 때 꼭짓점의 좌표, 면적과 둘레의 길이를 계산해 봅시다.

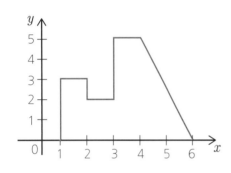

1. 꼭짓점의 좌표

   좌표평면 위에 도형의 꼭짓점은 $(1, 0)$, $(1, 3)$, $(2, 3)$, $(2, 2)$, $(3, 2)$ $(3, 5)$, $(4, 5)$, $(6, 0)$

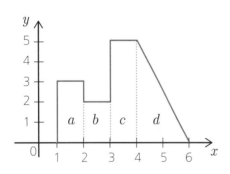

2. 도형의 면적

   도형을 네 등분하자.

   도형의 면적

   $S = a + b + c + d$

   $= 1 \times 3 + 1 \times 2 + 1 \times 5 + \dfrac{1}{2} \times 2 \times 5$

   $= 3 + 2 + 5 + 5 = 15$

3. 도형의 둘레 길이

   도형의 둘레 길이 $L = 6 + 3 + 1 + 1 + 1 + 3 + 1 + (2^2 + 5^2) = 16 + 4 + 25 = 45$

4. 정다면체

1 정다면체

정다면체란 각 면이 서로 합동인 정다각형이고, 각 꼭짓점에 모여 있는 면의 개수가 같은 다면체를 말합니다.

2 정다면체의 종류

정사면체, 정육면체, 정팔면체, 정십이면체, 정이십면체 총 5개가 있습니다.

3 정다면체의 겨냥도

정사면체	정육면체	정팔면체	정십이면체	정이십면체

4 정다면체의 전개도

정사면체	정육면체	정팔면체	정십이면체	정이십면체

기초 문제 15

※ 아래는 정다면체를 조사한 표이다. 빈칸에 알맞은 수를 채워 넣으시오.

	정사면체	정육면체	정팔면체	정십이면체	정이십면체
면의 모양	정삼각형	정사각형	정삼각형	정오각형	정삼각형
한 꼭짓점에 모이는 면의 개수	3		4	3	
면의 개수		6	8		20
모서리의 개수	6		12		30
꼭짓점의 개수		8	6	20	

5. 수형도(Tree Diagram)

1 수형도란?

여러 요소의 관계를 나뭇가지 모양의 그림으로 나타낸 것을 수형도라고 합니다.

2 주로 적용하는 예

수형도는 경우의 수를 구할 때 많이 사용합니다.

3 수형도

숫자 카드 1 2 3으로 만들 수 있는 세 자리의 수를 수형도로 구해봅시다.

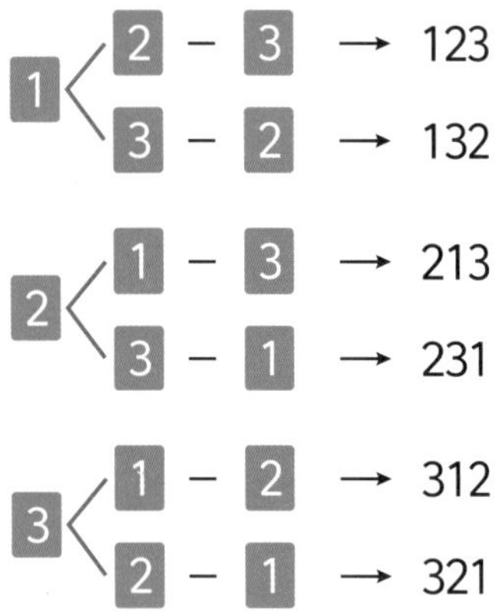

위와 같이 123, 132, 213, 231, 312, 321, 6가지가 있습니다.

집합(포함과 배제)

1. 집합의 정의

· 조건에 따라 그 대상을 분명히 할 수 있는 것들의 모임.

· 명확한 기준에 의해 분류되어 공통된 성질을 가지며 중복되지 않는 원소의 모임.

2. 집합이 될 수 있는 것과 없는 것

1 집합이 될 수 있는 것

예 1학년 2반 학생 중에서 키가 150cm 이상인 남학생들의 모임.

예 2학년 1반 학생 중에서 중간고사에서 수학 점수가 90점 이상인 학생들의 모임.

2 집합이 될 수 없는 것

예 1학년 1반 학생 중에서 예쁜 여학생들의 모임.

(사람의 주관에 따라 서로 다른 의견이 나오는 것은 집합이 될 수 없음)

3. 집합의 표기 방식

1 원소 나열법

집합에 포함되는 원소들을 일일이 나열하는 방법.

$A=\{1, 2, 3, 4, 5, 6\}$

2 조건 제시법

집합에 포함된 원소들의 공통적인 성질을 조건식으로 제시하는 방법.

$A=\{x|0<x<10, x$는 자연수$\}$

＊ 읽는 법: 집합 A는 x바 x는 0보다 크고 10보다 작다, x는 자연수.

3 벤다이어그램

집합과 원소의 포함관계를 그림으로 보여주는 방법.

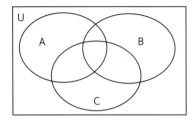

---

4. 집합의 종류

1 전체 집합

부분 집합에 대하여, 한 집합의 원소 전체로 이루어지는 집합.

2 교집합

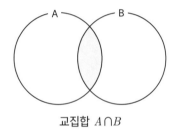

교집합 $A \cap B$

임의의 두 집합 A, B에 대하여 집합 A에도 속하고 집합 B에도 속하는 모든 원소의 집합.

3 합집합

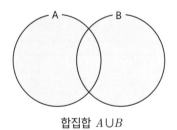

합집합 $A \cup B$

임의의 두 집합 A, B에 대하여 집합 A 또는 집합 B에 속하는 모든 원소의 집합.

4 여집합

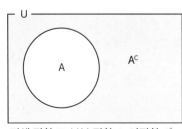

전체 집합 U, 부분 집합 A, 여집합 A^c

전체 집합 U, 전체 집합의 부분 집합 A에 대하여 부분 집합 A에 속하지 않는 모든 원소의 집합.

$$U = A + A^c$$

$$U - A = A^c$$

5 차집합

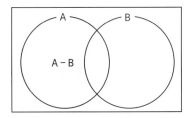

임의의 두 집합 A, B에 대하여 집합 A에 속하고 집합 B에는 속하지 않는 모든 원소의 집합.

5. 집합의 포함관계

1 상등

두 집합에 속하는 원소의 개수가 같은 집합. 두 집합 A, B가 상등이면 다음과 같이 표기합니다.

$A = B$

2 부분 집합

집합 A의 모든 원소가 집합 B에 포함되는 경우 A는 B의 부분집합입니다.

$A \subset B$

· A가 B의 부분집합이 아닐 때: $A \not\subset B$

3 원소의 포함관계

· 1은 집합 A의 원소입니다.

$1 \in A$

· a는 집합 B의 원소입니다.

$a \in B$

· 1이 A의 원소가 아닐 때: $1 \notin A$

6. 집합의 연산

1 합집합과 교집합의 연산

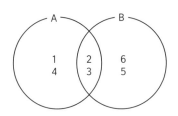

두 집합 $A = \{1, 2, 3, 4\}$, $B = \{2, 3, 5, 6\}$일 때

$A \cup B = \{1, 2, 3, 4, 5, 6\}$
$A \cap B = \{2, 3\}$

2 집합의 개수

집합의 개수는 $n(A)$와 같이 나타내며 $A=\{1, 2, 3\}$의 경우 $n(A)=3$입니다.

· 두 집합의 개수에 대하여 다음이 성립합니다.

$$n(A \cup B) = n(A) + n(B) - n(A \cap B)$$

· 세 집합의 개수에 대하여 다음이 성립합니다.

$$n(A \cup B \cup C) = n(A) + n(B) + n(C) + n(A \cap B) + n(B \cap C) + n(C \cap A) - n(A \cap B \cap C)$$

3 부분 집합의 개수

집합 $A=\{1, 2, 3\}$이라고 하면 집합 A의 부분 집합은 다음과 같습니다.

$\{1\}, \{2\}, \{3\}, \{1, 2\}, \{1, 3\}, \{2, 3\}, \{1, 2, 3\}, \phi$

· ϕ(파이)는 공집합으로 { }로 표시할 수도 있습니다. 아무 원소도 가지지 않는 집합이며, 공집합은 모든 집합의 부분 집합입니다.

어떤 집합의 원소의 수가 n개이면 부분 집합의 개수는 2^n개만큼 있습니다.

 기초 문제 16

※ 다음 각 집합의 원소를 표시하시오.

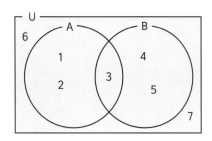

1. $A \cap B=$

2. $A \cup B=$

3. $A-B=$

4. $B-A=$

5. $A^c=$

6. $B^c=$

7. $n(A \cup B)=$

5 그래프

1. 그래프란?

컴퓨터 과학에서의 그래프란, '연결된 정점(node or vertex)과 그 정점을 연결하는 선인 간선(edge)으로 이루어진 자료구조(data structure)'를 말합니다.

· 그래프에 대한 쉬운 정의

유한개의 점과 그 점을 연결하는 선으로 이루어진 도형 즉, 점과 선 그리고 그들의 연결로서 표현된 도형을 그래프라고 합니다.

그래프는 모든 정점이 간선으로 연결되어 있지 않을 수 있습니다. 이러한 그래프를 비연결 그래프(disconnected graph)라고 합니다.

· 그래프 표기

그래프(graph) $G=(V, E)$

V: 그래프 G의 정점

E: 그래프를 연결하는 간선(edge)

2. 그래프의 차수(degree)란?

그래프의 차수란 한 정점에 연결된 간선의 수를 말합니다.

1. 홀수 점과 짝수 점
   · 홀수 점: 차수가 홀수인 정점
   · 짝수 점: 차수가 짝수인 정점

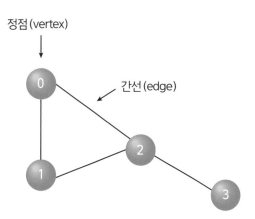

정점 (vertex)

간선 (edge)

2. 방향 그래프에서에서 진입 차수(In Degree)와 진출 차수(Out Degree)

   왼쪽 그래프에서 노드 2로 들어오는 In Degree는 2이고, Out Degree는 1입니다.

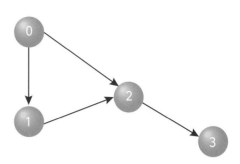

기초 문제 17

※ 오른쪽 그래프에서 그래프의 차수를 노드에 숫자로 표시하시오.

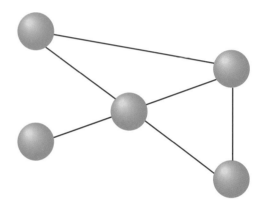

3. 그래프의 종류

1 방향에 따른 분류

1. **방향 그래프**(directed graph): 정점과 정점 사이 방향성이 있는 간선으로 이루어진 그래프를 말합니다.

2. **무방향 그래프**(방향이 없는 그래프, undirected graph): 정점과 정점 사이 방향성이 없는 간선으로 이루어진 그래프를 말합니다. 보통 그래프라고 하면, 이 양방향 그래프를 말하는 것입니다.

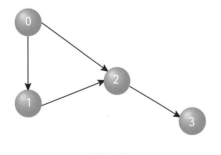

방향 그래프

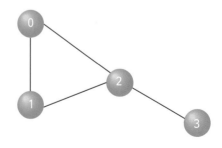

무방향 그래프

- 그래프 표기

  방향 그래프 $G = <V, E>$

  무방향 그래프 $G = (V, E)$

  $$V = \{v_1, v_2, \cdots, v_{n-1}, v_n\}$$

  $$E = \{e_1, e_2, \cdots, e_{m-1}, e_m\}$$

2 구조적 특징에 따른 분류

1. **단순 그래프(simple graph):** 두 정점 사이에 오직 한 개의 간선만 존재하는 그래프입니다.

2. **다중 그래프(multiple graph):** 두 정점 사이에 두 개 이상의 간선이 존재하는 그래프입니다.

3. **의사 그래프(pseudo graph):** 다중 간선과 루프(loop)를 허용하는 그래프입니다.

4. **완전 그래프(complete graph):** 모든 정점이 연결된 그래프입니다. 두 정점 간에 최소한 한 개, 또는 그 이상의 경로가 반드시 있게 됩니다. 즉, 모든 정점의 쌍 사이에는 간선이 반드시 존재합니다.

- n개의 정점으로 구성된 그래프에서 간선 수가 최대인 그래프.
- 무방향 그래프의 최대 간선의 수: $\dfrac{n(n-1)}{2}$
- 방향 그래프의 최대 간선의 수: $n(n-1)$개

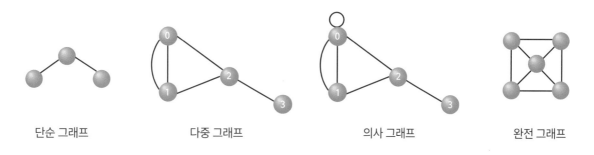

| 단순 그래프 | 다중 그래프 | 의사 그래프 | 완전 그래프 |

5. **정규 그래프:** 그래프 $G = (V, E)$ 내에 있는 모든 정점의 차수가 같은 그래프입니다.

6. **가중치 그래프:** 간선에 가중치가 부여된 그래프입니다.

   (가중치는 길이, 비용, 시간 등 다양하게 설정할 수 있습니다.)

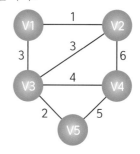

7. **평면 그래프:** 그래프 $G = (V, E)$가 평면(2차원)상에 그려질 수 있는 그래프이며, 이때 간선들은 서로 교차하지 않습니다. 즉, 어떤 두 개의 간선도 교차하지 않게 그릴 수 있는 그래프입니다.

※ 오른쪽 가중치 그래프에서 간선의 숫자는 거리를 말한다. v1에서 v6로
  가는 최단 경로를 구하시오.

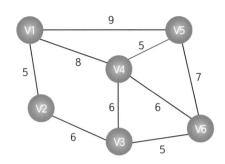

4. 오일러 그래프

1 오일러 공식

평면 그래프에서 꼭짓점의 수를 v, 모서리 수를 e, 영역의 수를 s라고 할 때 다음 공식이 성립합니다.

$$v - e + s = 2$$

2 오일러 경로

모든 모서리를 꼭 한 번씩만 지나는 경로입니다.

3 오일러 순환/오일러 회로

꼭짓점 v에서 시작해 모든 모서리를 꼭 한 번씩만 지나 v로 다시 돌아오는 경로입니다.

· 회로(cycle): 그래프 이론에서 회로란 시작점과 끝점이 일치하는 경로입니다.

· 수형도: 단순 회로가 없는 연결된 그래프라고 할 수 있습니다.

4 오일러 그래프

오일러 순환을 가지는 그래프입니다.

5 한붓그리기

한붓그리기(Planar Embedding): 평면 그래프를 그릴 때, 모든 선분이 한 번만 그려지도록 하는 것을 말합니다. 이때, 한붓그리기가 가능한 그래프를 플레이너 그래프(Planar Graph)라고 합니다.

한붓그리기 가능한 조건: 그래프의 꼭짓점 중에서 차수가 홀수인 것의 개수가 0 또는 2개일 때, 한붓그리기가 가능합니다. 이를 오일러의 한붓그리기 정리(Euler's One-Sided Formula)라고 합니다.

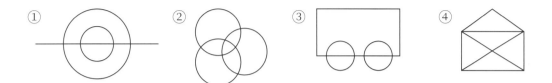

기초 문제 19

※ 다음 도형에서 한붓그리기가 가능한 것을 고르시오.

① ② ③ ④

5. 해밀턴 그래프

1 해밀턴 경로란?

오른쪽 그림처럼 모든 꼭짓점을 한 번씩 지나는 경로를 말합니다.

(출발했던 꼭짓점으로 다시 돌아올 필요는 없음)

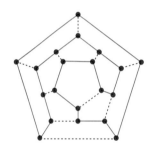

2 해밀턴 순환(회로)이란?

한 꼭짓점에서 시작해서 모든 꼭짓점을 꼭 한 번씩만 지나 원래 꼭짓점으로 다시 돌아오는 경로를 말합니다.

3 해밀턴 그래프

해밀턴 순환을 갖는 그래프를 말합니다.

기초 문제 20

※ 다음 그래프에서 해밀턴 경로를 그리시오.

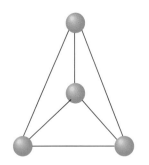

6. 그래프와 색칠문제

1 4색 정리

4색 정리는 '어떤 지도든 서로 맞닿은 국가 혹은 행정구역이 서로 다른 색을 띠도록 만드는데 4색이면 충분하다.'라는 정리를 말합니다.(4색 정리는 많은 수학자가 증명에 실패하다가 컴퓨터의 도움을 받아 4색 정리가 증명되었습니다.)

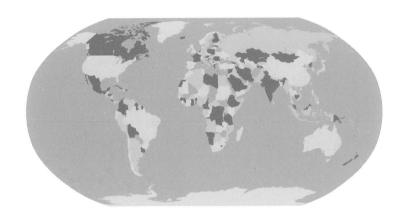

기초 문제 21

1. 오른쪽 그림은 대한민국 지도로 각 도와 특별시, 광역시까지 표시되어 있습니다.

   (1) 인접한 시도가 같은 색이 되지 않도록 색칠해 보세요.

   (2) 인접한 시도가 같은 색이 되지 않도록 색칠하는 데는 몇 가지 색이면 될까요?

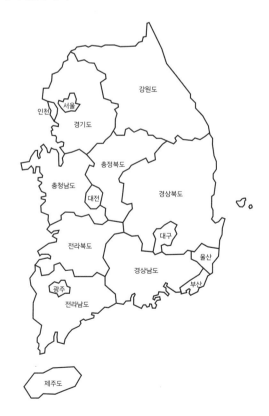

2. 아래와 같이 종이의 각 부분에 파란색, 초록색, 노란색, 주황색, 빨간색을 칠해서 각 칸을 구별하려고 합니다. 색칠하는 방법의 가짓수를 구하시오.

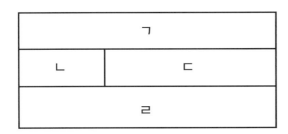

2 색칠한 영역을 그래프로 바꾸기

지도를 색칠하는 문제는 그래프 형태로 바꾸어 생각해 볼 수 있습니다.

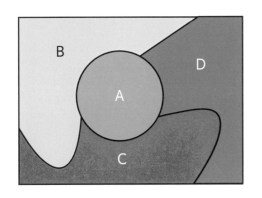
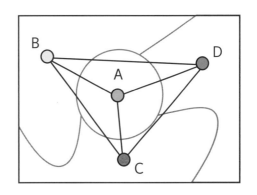

색칠한 영역을 정점(노드)으로 하고 영역과 영역을 간선으로 연결하면 그래프가 만들어집니다. 그래프의 인접한 정점들은 같은 색깔을 가지지 않도록 해야 합니다.

기초 문제 22

※ 오른쪽 그림은 4개의 동그라미와 선이 연결된 그래프입니다. 색칠하는 방법은 몇 가지일까요? (단, 5가지 색만 사용할 수 있고, 선으로 연결된 곳은 다른 색을 칠해야 한다.)

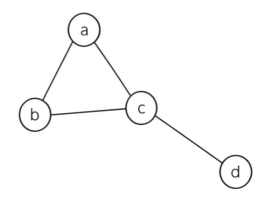

6 트리

1. '트리'란?

트리(tree)는 비선형(non-linear) 자료구조를 말합니다. 컴퓨터의 기억장소 할당, 자료 정렬(sorting), 자료 저장과 검색(retrieval), 그리고 언어의 번역 등에 효과적으로 이용될 수 있는 자료구조입니다.

트리 자료구조는 예를 들어 사장을 정점으로 하여, 이사, 부장, 과장, 계장, 계원 등과 같은 회사의 조직표나 조상과 자손들 간의 관계를 표기해 놓은 족보와 같은 것입니다. 이런 이유로 나무가 뿌리에서 가지로, 가지에서 잎으로 구성된 것을 비유하여 자료 간에 계층적 구조를 가질 때 이를 트리라고 합니다.

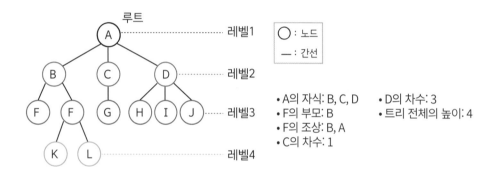

노드(Node)	트리를 구성하는 꼭짓점
루트(Root)	트리인 그래프의 가장 높은 곳에 위치하는 시작 노드
부모 노드(Parent Node)	트리를 구성하는 노드의 바로 한 단계 위에 있는 노드
자식 노드(Child Node)	트리를 구성하는 노드의 바로 한 단계 아래에 있는 노드
형제 노드(Sibling Node)	트리를 구성하는 노드에서 부모가 같은 노드
리프 노드(Leaf Node)	트리를 구성하는 노드 중 자식이 없는 노드
레벨(Level)	루트 노드를 레벨 0으로 시작하여 자식 노드로 한 단계씩 내려갈 때마다 하나씩 증가하는 단계
높이(Height)	트리의 최대 레벨

- 루트를 레벨0으로 해서, 1씩 증가시키며 레벨1, 레벨2, 레벨3 형태로 레벨을 표현하는 것도 가능합니다.
- 리프 노드는 터미널 노드(Terminal Node)라고도 합니다.

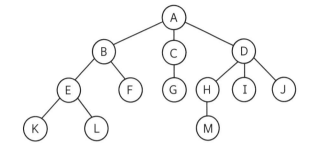

※ 오른쪽의 트리를 보고 물음에 답하시오.

1. 노드(Node)는 모두 몇 개인가요?

2. 루트(Root) 노드는?

3. E의 부모 노드(Parent Node)는?

4. E의 자식 노드(Child Node)는?

5. H의 형제 노드(Sibling Node)는?

6. 이 트리의 레벨(Level)은?

7. 이 트리의 높이(Height)는?

2. 트리 구조의 예

1 회사 조직도

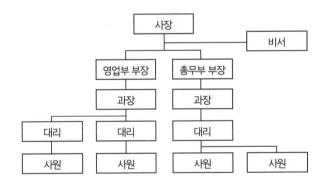

2 파일 구조

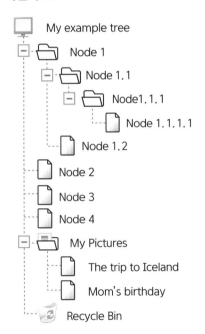

1 **이진 트리(Binary Tree)**

트리의 차수가 최대 2인 트리를 말합니다.(기본적으로 자식 노드를 2개 가지는 트리)

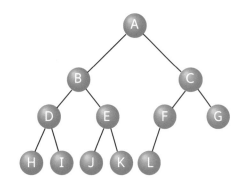

기초 문제 24

※ 오른쪽의 이진 트리를 보고 물음에 답하시오.

1. 루트로부터 2갈래씩 뻗어 나갈 때 Z가 위치한 곳의 레벨은?

2. 루트로부터 3갈래씩 뻗어 나갈 때 Z의 레벨은?

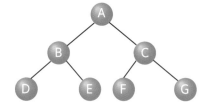

2 **완전 이진 트리(Complete Binary Tree)**

완전 이진 트리는 마지막 레벨을 제외하면 완전히 꽉 차 있고, 마지막 레벨은 가장 오른쪽부터 연속된 몇 개의 노드가 비어 있을 수 있습니다.

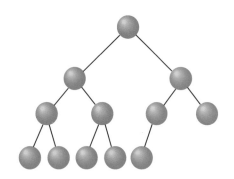

3 포화 이진 트리(Full Binary Tree)

포화 이진 트리는 모든 노드의 차수가 2차인 트리로, 트리의 마지막 리프 노드까지 모두 2개씩 노드가 채워져 있습니다.

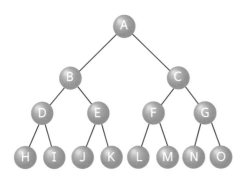

기초 문제 25

※ 아래 포화 이진 트리에서 루트(root)에서 출발해 모든 노드를 탐색한 후, 루트로 돌아오기 위해서는 총 몇 번의 탐색을 해야 하는가? (한 번의 탐색은 한 노드에서 다른 노드로 가는 간선이 길이로 정한다. 간선의 길이는 같다.)

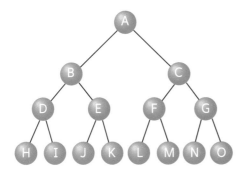

스택과 큐

1. 스택

1 스택이란?

스택은 모든 원소들의 삽입(insert)과 삭제(delete)가 리스트의 한쪽 끝에서만 수행되는 제한 조건을 가지는 선형 자료구조 (linear data structure)를 말합니다.

스택은 나중에 들어간 원소가 제일 먼저 빠져나오므로, LIFO(Last In First Out)라고 하기도 합니다.

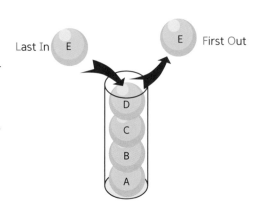

2 스택의 용어

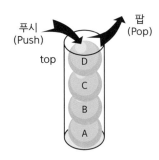

- Push: 자료를 넣는 것
- Pop: 자료를 꺼내는 것
- Top: 자료의 삽입과 삭제가 일어나는 곳

2. 큐

1 큐의 개념

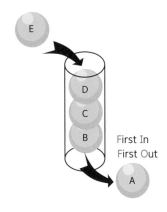

큐는 한쪽 끝으로 자료를 넣고, 반대쪽에서는 자료를 뺄 수 있는 선형구조를 말합니다.

큐는 가장 먼저 들어간 원소가 제일 먼저 빠져나오므로 FIFO(First In First Out)라고 하기도 합니다.

8 수열

1. 등차수열

1 등차수열이란?

등차수열이란 앞의 항에 일정한 수를 더하여 만들어지는 수열을 말합니다.

> 예 2, 4, 6, 8, 10, …

2 등차수열 용어

- 항: 각 숫자를 항이라고 합니다.
- 초항: 제일 처음에 있는 숫자를 초항이라고 합니다.
- 공차: 각 항 사이의 값의 차이를 공차라고 합니다.

2, 4, 6, 8, 10, …에서 초항은 2, 공차는 2입니다.

0이 아닌 세 수에 대하여 a_1, a_2, a_3 순으로 등차수열을 이루면 다음이 성립합니다.

$a_2 = a_1 + d$

$a_2 - a_1 = a_3 - a_2 = d$ (d=공차)

$\dfrac{a_1 + a_3}{2} = a_2$ (a_2를 등차중항이라고 한다.)

2. 등비수열

1 등비수열이란?

등비수열이란 앞의 항에 일정한 수를 곱하여 만들어지는 수열을 말합니다.

> 예 1, 2, 4, 8, 16, 32, …

2 등비수열 용어

- ·항: 각 숫자를 항이라고 합니다.
- ·초항: 제일 처음에 있는 숫자를 초항이라고 합니다.
- ·공비: 일정하게 곱해지는 수를 말합니다.

1, 2, 4, 8, 16, 32, …에서 초항은 1, 공비는 2입니다.

0이 아닌 세 수에 대하여 a_1, a_2, a_3 순으로 등비수열을 이루면 다음이 성립합니다.

$$a_2 = a_1 \times r$$

$$\frac{a_2}{a_1} = \frac{a_3}{a_2} = r \ (r = 공비)$$

$$a_2{}^2 = a_1 \times a_3 \ (a_2를\ 등비중항이라고\ 한다.)$$

3. 피보나치 수열

피보나치 수열(Fibonacci Sequence)은 첫 번째 항의 값이 0이고 두 번째 항의 값이 1일 때, 이후의 항들은 이전의 두 항을 더한 값으로 이루어지는 수열을 말합니다.

피보나치 수열의 수식: 피보나치 수열은 다음과 같은 점화식으로 정의됩니다.

$$f(0) = 0, f(1) = 1$$

$$f(n) = f(n-1) + f(n-2) \ (n >= 2)$$

이를 함수로 표현하면 다음과 같습니다.

```
def fibonacci(n):
if n==0:
    return 0
elif n==1:
     return 1
else:
     return fibonacci(n-1)+fibonacci(n-2)
```

※ 점화식: 수열의 일반항을 한 개 이상의 앞선 항들을 이용하여 나타낸 식

이때, $f(n)$은 n번째 항의 값, $f(n-1)$은 $(n-1)$번째 항의 값, $f(n-2)$는 $(n-2)$번째 항의 값입니다.

피보나치 수열의 처음 몇 개 항은 다음과 같습니다.

$0, 1, 1, 2, 3, 5, 8, 13, 21, 34, 55, \cdots$

기초 문제 26

※ 첫 두 수가 1, 2로 시작하는 피보나치 수열의 10번째 수를 구하시오.

4. 시그마(Σ)를 통한 합계의 표현

시그마는 수열의 합을 나타내는 수학 기호입니다.

$$\sum_{i=1}^{100} a_i = a_1 + a_2 + \cdots + a_{100}$$

$\sum\limits_{i=1}^{100} a_i$는 '시그마 a_i, $i=1$에서 100까지'라고 읽습니다.

$$\sum_{i=1}^{10} k = 1 + 2 + 3 + \cdots + 10 = \frac{10 \times (10+1)}{2} = 55$$

9 순열과 조합

1. 경우의 수

1 경우의 수

어떤 사건이 일어나는 방법이 전부 m가지일 때, 그 사건이 일어나는 '경우의 수'는 m가지라고 합니다.

2 합의 법칙

두 사건 A, B의 경우의 수가 각각 m, n이라고 하자. 두 사건 간에 공통점이 없으면 사건 A, B가 일어나는 경우의 수는 $m+n$.

3 곱의 법칙

두 사건 A, B의 경우의 수가 각각 m, n이라고 하자. 두 사건 A, B가 동시에 일어나는 경우의 수는 $m \times n$입니다.

기초 문제 27

※ 어떤 학생이 컴퓨터를 스스로 조립해서 업그레이드하려고 온라인 판매 사이트를 방문했다. 그래픽 카드와 CPU 종류가 많이 있었다. 마음에 드는 CPU는 3종류, 그래픽 카드는 4종류가 있었다. CPU와 그래픽 카드를 선택할 수 있는 가지 수는?

2. 순열(Permutation)

1 팩토리얼(factorial)

1부터 n까지의 자연수의 곱을 n의 계승 또는 n 팩토리얼이라고 합니다. 표기는 $n!$

$$n! = n \times (n-1) \times \cdots 2 \times 1$$

$$5! = 5 \times 4 \times 3 \times 2 \times 1$$

$$0! = 1, \ 1! = 1$$

2 순열(Permutation)이란?

서로 다른 n개의 원소 중 r개를 선택하여, 중복되지 않고 순서대로 나열한 것을 말합니다.

예 세 문자 a, b, c 중 2개의 문자를 선택해서, 중복되지 않고 순서대로 나열 할 수 있는 경우의 수를 구해보자.

오른쪽 그림처럼 ab, ac, ba, bc, ca, cb, 6가지가 있습니다.

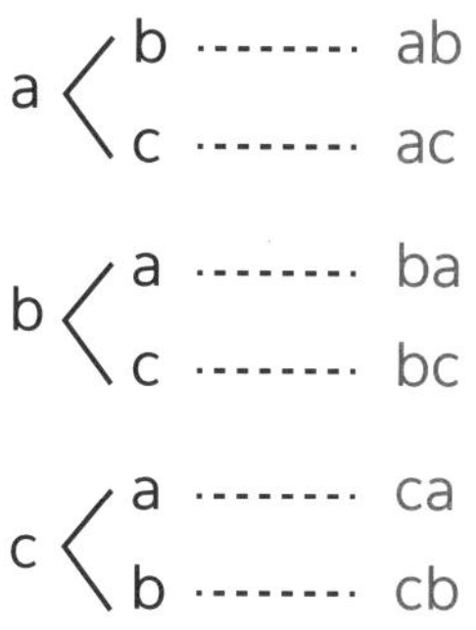

```
a ┌ b ········ ab
  └ c ········ ac

b ┌ a ········ ba
  └ c ········ bc

c ┌ a ········ ca
  └ b ········ cb
```

> **참고 순열 공식**
>
> $$_nP_r = n \times (n-1) \times (n-2) \times \cdots (n-r+1)$$
> $$= n \times (n-1) \times (n-2) \times \cdots (n-r+1) \times \frac{(n-r) \times (n-r-1) \cdots 4 \times 3 \times 2 \times 1}{(n-r) \times (n-r-1) \cdots 4 \times 3 \times 2 \times 1}$$
> $$= \frac{n!}{(n-r)!}$$
>
> $$_nP_n = 1, \; _nP_0 = 1$$

기초 문제 28

※ 1, 2, 3 세 개의 숫자 중 서로 다른 2개의 숫자를 선택하여 2자리 숫자를 만들려고 한다. 중복을 허용하여 만들 수 있는 경우를 모두 나열하시오.

3 중복 순열

중복 순열은 서로 다른 n개의 원소 중 r개를 중복을 허용하여 순서대로 나열한 것을 말합니다.

예 세 문자 a, b, c 중 2개의 문자를 중복을 허용하여 순서대로 나열할 수 있는 경우의 수를 구해보자.

중복을 허용하므로 오른쪽 그림처럼 aa, ab, ac, ba, bb, bc, ca, cb, cc, 총 9가지 경우의 수가 나옵니다.

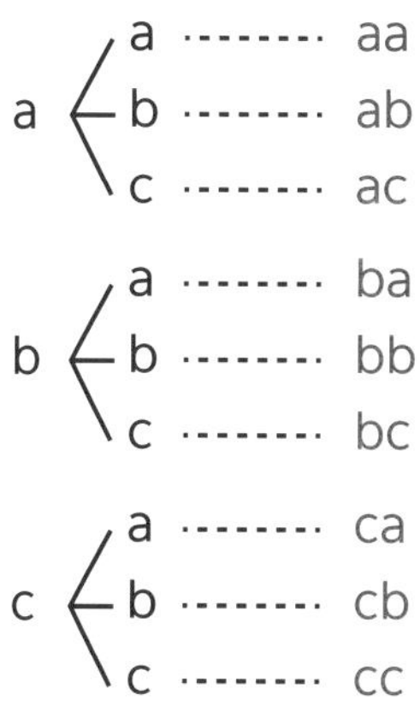

```
a ┌ a ········ aa
  ├ b ········ ab
  └ c ········ ac

b ┌ a ········ ba
  ├ b ········ bb
  └ c ········ bc

c ┌ a ········ ca
  ├ b ········ cb
  └ c ········ cc
```

> **참고 중복 순열 공식**
>
> $$_n\Pi_r = n^r$$

※ 1, 2, 3, 4 네 개의 숫자 중 3개의 숫자를 선택하여 3자리 숫자를 만들려고 한다. 만들 수 있는 경우를 모두 나열하시오.

4. 조합(Combination)

조합은 서로 다른 n개의 원소 중 r개를 중복하지 않고 선택하여 순서에 의미를 두지 않고 나열한 것을 말합니다.

- (예) 세 문자 a, b, c 중 2개의 문자를 중복하지 않고 선택하여 순서에 상관없이 나열할 수 있는 경우의 수를 구해보자.

  aa, bb, cc는 중복이므로 제외합니다. ab와 bc, ac와 ca, bc와 cb는 같은 조합입니다. 따라서 조합의 경우의 수는 3가지입니다.

  (ab, ac, bc)

참고 **조합 공식**(증명은 하지 않음)

$$_{n}C_{r} = \frac{_{n}P_{r}}{r!} = \frac{n!}{r!(n-r)!}$$

$$_{n}C_{r} = \frac{_{n}P_{r}}{r!} = \frac{n \times (n-1) \times \cdots (n-r+1)}{r \times (r-1) \times \cdots 2 \times 1} = \frac{1}{r!} \times \frac{n!}{(n-r)!} = \frac{n!}{r!(n-r)!}$$

※ 1, 2, 3, 4 네 숫자 중 3개의 숫자를 나열해 3자리 숫자를 만들려고 한다. 중복하지 않고 선택하여 순서에 상관없이 나열할 수 있는 경우의 수는?

1 중복 조합

서로 다른 n개의 원소 중 중복을 허락하여 r개를 선택해서 순서에 상관없이 나열한 것을 중복 조합이라고 합니다.

- **예** 세 문자 a, b, c 중 2개의 문자를 중복을 허락하여 2개를 선택해 순서에 상관없이 나열할 수 있는 경우의 수를 구해보자.

  중복을 허락하므로 aa, bb, cc가 포함되고 ac와 ca, ba와 ab, ca와 ac는 같은 것으로 봅니다. 따라서 중복 조합의 경우의 수는 6가지입니다.

  (aa, ab, ac, bb, bc, cc)

a
  a ┄┄┄┄ aa
  b ┄┄┄┄ ab
  c ┄┄┄┄ ac
b
  a ┄┄┄┄ ba
  b ┄┄┄┄ bb
  c ┄┄┄┄ bc
c
  a ┄┄┄┄ ca
  b ┄┄┄┄ cb
  c ┄┄┄┄ cc

참고 중복 조합 공식(증명은 하지 않음)

$$_nH_r = {}_{n+r-1}C_r$$

H는 동종을 뜻하는 Homogeneous의 첫 글자.

0‿0 기초 문제 31

※ 1, 2, 3, 4, 5 다섯 개의 숫자 중 중복을 허락하여 3개의 숫자를 뽑아 만들 수 있는 세 자리의 숫자는 몇 개인지 구하시오.

정 리 하 기 🔍

- **순열**: 순서를 생각하고, 중복을 허락하지 않음
- **중복순열**: 순서를 생각하고, 중복을 허락
- **조합**: 순서를 생각하지 않고 중복을 허락하지 않음
- **중복조합**: 순서를 생각하지 않고 중복을 허락

10 행렬과 로그

1. 행렬의 개념

행렬(行列, matrix)은 하나 이상의 원소들을 1차원 혹은 2차원 형태로 나열해 놓은 배열의 형태입니다.

$$A = \begin{pmatrix} a_{11} & a_{12} & \cdots & a_{1m} \\ a_{21} & a_{22} & \cdots & a_{2m} \\ \cdots & \cdots & & \cdots \\ a_{n1} & a_{n2} & \cdots & a_{nm} \end{pmatrix} = [a_{ij}]$$

행과 열

· 행(Row): 행렬에서 가로 방향을 말합니다.

· 열(Column): 행렬에서 세로 방향을 말합니다.

2. 행렬의 종류

1 영행렬

영행렬은 모든 원소가 0인 행렬입니다.

$$\begin{pmatrix} 0 & 0 & 0 \\ 0 & 0 & 0 \\ 0 & 0 & 0 \end{pmatrix}$$

2 정사각행렬

정사각행렬은 행과 열의 길이가 같은 행렬입니다.

$$\begin{pmatrix} 2 & 1 \\ 3 & 4 \end{pmatrix} \qquad \begin{pmatrix} 1 & 2 & 3 \\ 5 & 4 & 3 \\ 7 & 8 & 9 \end{pmatrix}$$

2×2 정사각행렬　　　　3×3 정사각행렬

3 대각행렬

대각행렬은 대각선의 원소를 제외하고 나머지 원소가 모두 0인 행렬입니다.

$$\begin{pmatrix} 1 & 0 & 0 \\ 0 & 2 & 0 \\ 0 & 0 & 5 \end{pmatrix}$$

4 단위행렬

단위행렬은 대각 행렬에서 대각원소가 모두 1인 행렬입니다.

$$\begin{pmatrix} 1 & 0 & 0 \\ 0 & 1 & 0 \\ 0 & 0 & 1 \end{pmatrix}$$

5 전치 행렬

전치 행렬은 행과 열을 바꾼 행렬입니다.

$$\begin{pmatrix} 1 & 2 & 3 \\ 5 & 4 & 11 \\ 7 & 8 & 9 \end{pmatrix} \rightarrow \begin{pmatrix} 1 & 5 & 7 \\ 2 & 4 & 8 \\ 3 & 11 & 9 \end{pmatrix}$$

6 대칭 행렬

대칭 행렬은 행과 열을 바꾼 행렬이 자기 자신이 되는 행렬입니다.

$$\begin{pmatrix} 1 & 2 & 3 & 4 \\ 2 & 4 & 6 & 8 \\ 3 & 6 & 9 & 12 \\ 4 & 8 & 12 & 16 \end{pmatrix}$$

 기초 문제 32

1. 아래 행렬의 덧셈을 하시오.

$$\begin{pmatrix} 3 & 1 & 2 \\ 4 & 5 & 1 \\ 2 & 7 & 3 \end{pmatrix} + \begin{pmatrix} 2 & 1 & 4 \\ 3 & 3 & 0 \\ 2 & 1 & 6 \end{pmatrix} =$$

2. 아래 행렬의 뺄셈을 하시오.

$$\begin{pmatrix} 3 & 1 & 2 \\ 4 & 5 & 1 \\ 2 & 7 & 3 \end{pmatrix} - \begin{pmatrix} 2 & 1 & 4 \\ 3 & 3 & 0 \\ 2 & 1 & 6 \end{pmatrix} =$$

3. 행렬의 덧셈에 대한 교환 법칙이 성립함을 증명하시오.(A, B 행렬은 정사각행렬)

$$A+B=B+A$$

4. 아래 행렬의 연산이 성립함을 증명하시오.

$$A+O=O+A$$

두 꼭짓점이 변으로 접속하고 있으면 1, 접속 안 하면 0으로 나타냅니다. 그러면 그래프는 행렬로 나타낼 수 있습니다. 이런 행렬을 인접 행렬(adjacency matrix)이라고 합니다.

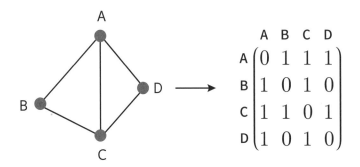

그래프 $G=(V, E)$에서 $|V|=3$일 때, 그래프 G에 대한 인접 행렬의 크기는 3×3 행렬입니다. 인접 행렬은 하나의 꼭짓점 집합에 대한 행렬이므로 항상 정사각행렬입니다.

아래 여러 그래프에 대한 인접 행렬의 표시는 다음과 같습니다.

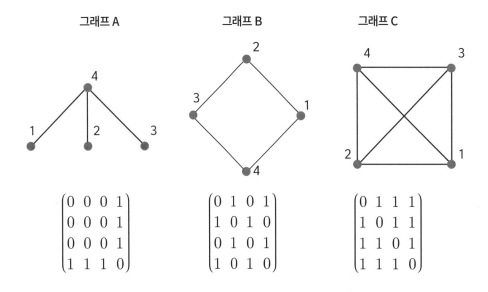

그래프 A에 대한 인접 행렬을 집합형태로 표기하면 다음과 같습니다.

$$G=\{V, E\}, V=\{1, 2, 3, 4\}, E=\{(1, 4), (2, 4), (3, 4)\}$$

기초 문제 33

1. 그래프 B, C를 집합 형태로 표시하여라.

2. 위 그래프들이 대칭인지 파악하여라.

4. 로그

1 로그의 정의

$a > 0$, $a \neq 1$이고, $b > 0$일 때 $a^x = b$에 대하여 다음이 성립합니다.

$x = \log_a b$

x는 a를 밑으로 하는 b의 로그라고 합니다.

2 상용로그

밑이 10인 로그를 상용로그라고 합니다.

$\log_{10} A$

상용로그의 밑은 생략해 사용할 수 있습니다.

$\log_{10} A = \log A$

3 로그의 성질

1. 로그의 덧셈은 지수를 곱해줍니다.

$\log A + \log B = \log AB$

2. 로그의 뺄셈은 지수를 나누어줍니다.

$\log A - \log B = \log \dfrac{A}{B}$

3. 지수의 제곱은 제곱수를 로그 앞으로 옮겨줍니다.

$\log_a A^n = n \log_a A$

4. 밑과 지수의 값이 같으면 로그값은 1입니다.

$\log_a a = 1$

5. 지수가 1이면 로그값은 0입니다.

$\log_a 1 = 0$

$\log_{10} 2$, $\log_{10} 3$과 같이 상용로그에 해당하는 값은 '상용로그표'를 통해 확인할 수 있습니다.

$(\log 2 = 0.3010, \log 3 = 0.4771)$

기초 문제 34

※ 다음을 계산하시오. (1번과 2번은 로그를 하나로 묶어서 나타내고, 3, 4, 5번은 계산 결과를 수로 표현)

1. $\log 2 + \log 3 =$

2. $\log 2 - \log 3 =$

3. $\log_2 2^2 =$

4. $\log_{10} 10 =$

5. $\log_{10} 1 =$

5. 빅오 표기법(Big-oh notation)

빅오 표기법이란 시간 복잡도 함수에서 불필요한 정보를 제거하여 알고리즘 분석을 쉽게 할 목적으로 시간 복잡도를 표시하는 것을 말합니다.

$O(1)$:　　상수형 　　　　$O(n^2)$: 2차형

$O(\log n)$: 로그형 　　　　$O(n^3)$: 3차형

$O(n)$:　　선형 　　　　$O(2^n)$: 지수형

$O(n\log n)$: 선형로그형 　　　　$O(n!)$: 팩토리얼형

기초 문제 35

※ 어떤 자연수 n이 있다. 알고리즘의 성능을 비교해 보려고 한다. $O(n), O(n^3), O(\log_2 n), O(n\log_2 n)$의 시간 복잡도의 크기를 비교해 보라.

11 확률

1. 확률

1 확률의 정의

확률은 어떤 사건이 일어날 가능성을 수로 나타낸 것입니다. 사건 A가 일어날 경우 확률은 다음과 같습니다.

$$\frac{\text{사건 A가 일어날 경우의 수}}{\text{전체 경우의 수}}$$

2 확률의 기본 법칙

1. 어떤 사건 A에 대하여, A가 일어날 확률을 $P(A)$라고 합시다.

   $0 \leq P(A) \leq 1$ (0은 사건이 전혀 일어나지 않은 것이고, 1은 사건이 일어나는 모든 경우의 수)

2. 사건이 일어나는 모든 경우에 해당하는 전 사건 S의 확률은, $P(S) = 1$

3. 사건이 전혀 일어나지 않는 공사건 ϕ의 확률은, $P(\phi) = 0$

4. 사건 A가 일어날 확률과 사건 A가 일어나지 않을 확률인 A의 여사건 A^c의 관계는,
   $P(A) + P(A^c) = 1, \ P(A) = 1 - P(A^c)$

기초 문제 36

1. 주사위 2개를 동시에 던져서 나온 수의 합이 4 또는 6이 될 확률을 구하여라.

2. 주사위 2개를 동시에 던져서 나온 수의 합이 4 이상이 될 확률을 구하여라.

2. 비둘기집의 원리

1 비둘기집의 원리(pigeonhole principle)란?

n개의 비둘기집에 $(n+1)$마리 이상의 비둘기가 들어가려
고 한다면, 두 마리 이상의 비둘기가 들어간 비둘기 집이
적어도 하나 있습니다.

→ 비둘기의 수보다 비둘기집의 수가 적을 때 비둘기를 어
떻게 비둘기집에 넣는가 하는 문제에서 출발

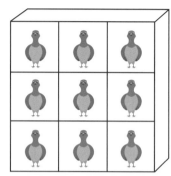

2 비둘기집의 원리 예시

1. 4마리의 비둘기가 3개의 비둘기집에 들어간다고 할 때
   적어도 하나의 비둘기집에는 2마리의 비둘기가 들어갑
   니다.

2. 10마리의 비둘기가 3개의 비둘기집에 들어간다고 할 때,
   하나의 비둘기집에는 적어도 4마리의 비둘기가 들어갑
   니다.

기초 문제 37

1. 주머니 속에 모양과 크기가 같은 7가지 색깔의 구슬이 각각 10개씩 들어 있습니다. 이 중에서 같은 색의 구슬을 3개
   꺼내기 위해서는 최소한 몇 개의 구슬을 꺼내야 합니까?

2. 서랍 안에 아빠 양말, 엄마 양말, 동생 양말이 각각 10개씩 있습니다. 서랍 안을 보지 않고 양말을 꺼낼 때, 같은 사람
   의 양말이 항상 2개가 나오려면 적어도 몇 개의 양말을 꺼내면 될까요?

12 알고리즘

1. 평균과 누적 합계

1 평균

평균은 여러 수나 같은 종류의 양의 중간값을 갖는 수를 말합니다. 5개의 수 a, b, c, d, e가 있다고 해봅시다. 수들을 모두 더한 다음, 수의 개수로 나누면 평균을 구할 수 있습니다.

$$avg = \frac{a+b+c+d+e}{5}$$

2 자연수의 합계

1부터 100까지의 합을 구해 보려고 합니다. 1부터 100까지의 수를 순서대로 쓴 후, 그 밑에 거꾸로 수를 나열해 봅니다.

1, 2, 3, 4, ⋯, 99, 100

100, 99, 98, ⋯, 2, 1

처음 수 1과 마지막 수 100을 더하면 101, 두 번째 수 2와 99를 더하면 101, 이렇게 101을 100개 모두 더한 후 2로 나누어 봅니다.

$$\frac{100 \times (1 + 100)}{2} = 5050$$

이것을 공식으로 나타내면, 자연수에서 처음 수를 a, 마지막 수를 l이라고 하면, a부터 l까지 연속된 자연수의 합은 다음과 같이 나타냅니다.

$$\frac{n(a+l)}{2}$$

 기초 문제 38

※ 1부터 100000까지의 합을 구하시오.

1 격자 구조

정보올림피아드에서 격자 구조는 기본적으로 2차원 배열 형태로 전환해 풀어야 합니다.

int array={

    {1, 2, 3},

    {5, 6, 7},

    {9, 10, 11},

}

1	2	3
5	6	7
9	10	11

격자 구조는 행렬 형태로 나타낼 수 있습니다.

$$\begin{pmatrix} 1 & 2 & 3 \\ 5 & 6 & 7 \\ 9 & 10 & 11 \end{pmatrix}$$

2 격자 구조의 좌표 표현

정보올림피아드에서 격자 구조의 선을 따라 움직이는 문제의 경우, 주로 좌측 위를 원점(0, 0)으로 나타낸 다음 우측 아래로 이동하는 형태로 문제를 해결하면 됩니다.

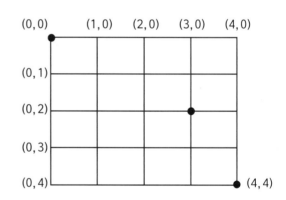

3. 최단 경로

1 최단 거리의 경우의 수 구하기

1. 최단 거리의 경우의 수: 한 지점에서 다른 지점까지 갈 때 빨리 갈 수 있는 길의 경우의 수

2. 최단 거리의 경우의 수를 구하는 방법: 시작점부터 갈래 길에 이르는 길의 가짓수를 적어 나가면서 구할 수 있습니다.

   마지막 갈래길에 적힌 경우의 수를 합하면 최단 거리의 경우의 수를 구할 수 있습니다.

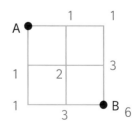

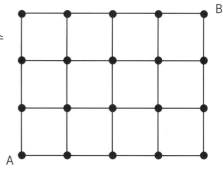

기초 문제 39

※ 오른쪽 직사각형의 길에서 A에서 B로 갈 수 있는 최단 거리의 경우의 수를 구하시오.

2 경유할 때의 최단 거리의 경우의 수

1. 한 지점(P)을 경유했다 가는 최단 거리 경우의 수

    (시작점에서 P 지점까지의 최단 거리 경우의 수)×(P 지점에서 끝점까지의 최단거리 경우의 수)

2. 한 지점(P)을 경유하지 않은 최단 거리 경우의 수

    (시작점에서 끝점까지의 최단 거리 경우의 수)−(P 지점을 경유했다 가는 최단 거리 경우의 수)

기초 문제 40

※ 시작점에서 P 지점을 거쳐 끝점까지 가는 최단 거리 경우의 수를 구하시오.

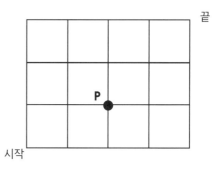

3 같은 것이 있는 순열로 최단 거리의 경우의 수 구하기

오른쪽 격자 모양의 도형에서 A에서 B로 가는 최단 경로의 가짓수를 구해보자. 격자 한 칸의 길이는 a, 세로의 길이는 b로 일정합니다.

최단 경로는 aaaabbb 형태로 나타납니다.

최단 경로의 가짓수는 '같은 것을 포함하는 순열'로 구할 수 있습니다.

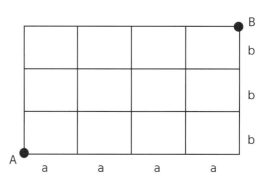

$$\frac{(4+3)!}{4! \times 3!} = \frac{7 \times 6 \times 5 \times 4 \times 3 \times 2 \times 1}{(4 \times 3 \times 2 \times 1) \times (3 \times 2 \times 1)} = 35 \text{가지}$$

- 같은 것을 포함하는 순열

  n개 중에서 같은 것이 각각 p개, q개, $\cdots$, r개씩 있을 때, n개를 일렬로 배열하여 만들 수 있는 순열의 수는 다음과 같습니다.

$$\frac{n!}{p!\,q!\cdots r!} \quad (\text{단},\ p+q+\cdots r=n)$$

 **기초 문제 41**

※ A에서 B로 가는 최단 경로의 경우의 수를 구하시오. (같은 것이 있는 순열의 공식을 이용하시오.)

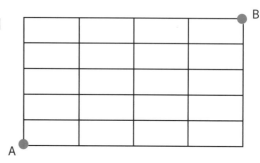

---

4. 순서도

1 순서도란?

'순서도(Flowchart)'란 문제를 해결하는데 필요한 논리적인 단계를 그림(기호와 도형)으로 나타낸 것입니다. 즉 명령문들의 연관 관계를 시각적으로 표현한 것입니다.

2 순서도 기호

순서도에서 사용하는 주요 기호를 알아봅시다. 순서도는 시작과 끝을 알리는 기호, 입력과 출력을 처리하는 기호, 그리고 기호 들끼리의 연결을 나타내는 흐름선인 화살표 등이 있습니다.

타원은 시작과 끝을 의미하고, 마름모 모양은 조건 기호로 그 조건이 맞는지 확인하는 역할을 합니다.

구분	기호	의미
단말		순서도의 시작과 끝을 표시한다.
준비		기억장소, 초깃값 등을 나타낸다.
입출력		자료의 입출력을 나타낸다.
비교·판단		조건을 비교·판단하여 흐름을 분기한다.
처리		자료의 연산, 이동 등 처리 내용을 나타낸다.
출력		각종 문서 및 서류를 출력한다.
흐름선		처리의 흐름을 나타낸다.
연결자		다음에 처리할 순서가 있는 곳으로 연결한다.

3 순서도를 통한 알고리즘 표현

순차문(sequence): 위에서부터 아래로 순차적으로 실행되는 명령문.

조건문(selection): 여러 개의 실행 경로 가운데 하나를 선택하는 명령문.

반복문(iteration): 조건이 유지되는 동안 정해진 횟수만큼 처리를 반복하는 명령문.

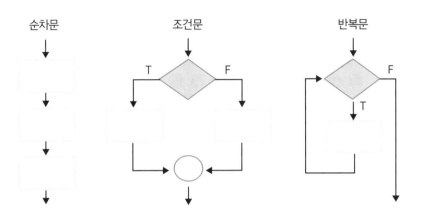

알고리즘은 순차문, 조건문, 반복문 중 하나이며 순차문+조건문, 조건문+반복문, 순차문+조건문+반복문 등으로 서로 다른 구문을 서로 혼합해서 표현할 수 있습니다.

4 1부터 100까지의 누적 합계를 순서도로 표현

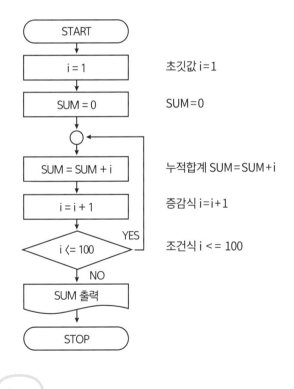

 **기초 문제 42**

※ 1부터 100까지 숫자 중 홀수의 합계를 구하는 알고리즘을 순서도로 나타내시오.

5. 삼각수

1 삼각수란?

다음 그림과 같이 정삼각형 모양을 이루는 점의 개수를 삼각수라고 합니다.

1, 3, 6, 10, 15, …는 삼각수입니다.

2 삼각수 사이의 관계식

n번째 삼각수 T_n은 한 변이 n개의 점으로 이루어진 정삼각형에 놓여 있는 점의 수입니다.

$$T_n = 1 + 2 + 3 + \cdots + n$$

인접한 두 삼각수의 합은 제곱수입니다.

$$T_n + T_{n-1} = n^2 = (T_n - T_{n-1})^2$$

삼각수와 마찬가지로 사각수, 다각수 등이 존재합니다.

IT 영재를 위한

이산 수학(중등)

PART III

이산 수학
문제해결 전략

2019년도 정보올림피아드 1차 유형1 이산수학 문제

 **[유형 1] _ 1번**　5점

2019×2021을 2진수로 표현할 때 가장 오른쪽에 나타나는 연속된 1의 개수는 몇 개일까?

① 2　　　② 3　　　③ 4　　　④ 5　　　⑤ 6

> **문제해결 전략**
>
> ＊ 2019×2021을 거듭제곱형태로 바꾼다.
>
> 　2019×2021＝(2048−29)×(2048−27)

풀이

답

3부터 15까지 연속된 자연수 중에서 정확히 하나의 수만 뺀 나머지 수들의 합이 106이었다. 빠진 수는 무엇인가?

① 5   ② 9   ③ 11   ④ 13   ⑤ 알 수 없음

문제해결 전략

* 3부터 15까지 연속된 자연수의 합: S

* 여기서 하나의 수를 뺀 것: 106

* 빠진 수는 $S - 106$

풀이

답

[유형 1] _ 3번 7점

컴퓨터는 2진법을 사용해 숫자를 표기한다. 예를 들어, 2진법의 두 자릿수 11은 십진수로 3이다. 한편 마야 문명에서는 20진법을 사용해 숫자를 표기했다.
오른쪽 그림은 위키피디아에서 인용한 0부터 19까지의 숫자 표기이다. 만약, 두 자릿수가 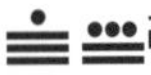라면 십진수로 얼마인가?

① 29 ② 45 ③ 173 ④ 333 ⑤ 163

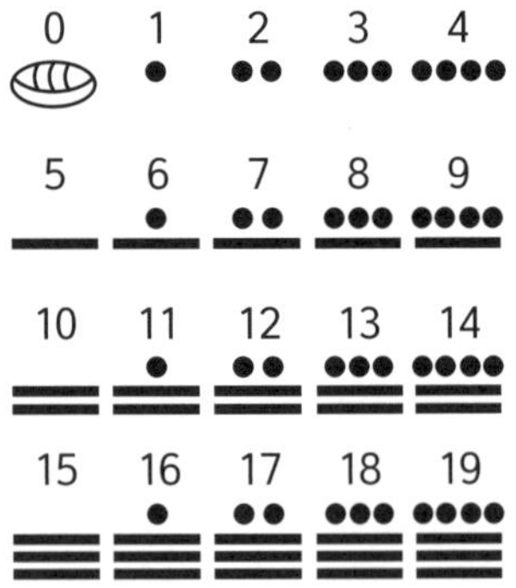

문제해결 전략

* 20진수 16 13를 십진수로 고쳐 본다.
* 13에는 $20^0=1$을 곱하고, 16에는 20^1을 곱해서 구한다.

풀이

답

[유형 1] _ 4번 8점

20명의 (어른) 군인으로 구성된 부대가 강을 건너야 한다. 다행히 두 명의 어린이가 탄 작은 배가 같은 편 강가에 있음을 발견했다. 이 배는 너무 작아서, 강을 건너려면 2명 이하의 어린이만 타고 건너거나 1명의 어른만 타고 건너야 한다. 강의 반대편에 모든 군인이 도착하고, 어린이 2명은 배에 그대로 남겨 놓기 위해선 배가 최소 몇 번 강을 건너면 될까?

① 20　　　② 22　　　③ 40　　　④ 80　　　⑤ 이동할 수 없음

문제해결 전략

※ 어른 1명이 강을 건너는 방법을 파악한 다음 이것을 20번 반복한다.

풀이

답

1년은 365일이다. 하지만 실제 태양년은 약 365일 5시간 48분 45초여서 이를 보정하기 위해 연도가 4의 배수인 해는 366일이 되지만 100의 배수인 해는 365일이 되고 다시 400의 배수인 해는 366일이 된다. 만약 M월 D일인 오늘이 월요일이라면, 400년 뒤 M월 D일은 무슨 요일인가?

① 일요일　　② 월요일　　③ 화요일　　④ 수요일　　⑤ 목요일

문제해결 전략

∗　400년 중 윤년의 수를 세어 본다.

∗　100, 200, 300은 윤년이 아니다.

풀이

답

[유형 1] _ 6번 10점

한붓그리기는 붓을 종이에서 떼지 않고 한 번에 그리는 것으로, 이미 그린 선을 중복해서 그릴 수는 없다. 한붓그리기는 도형에 따라 가능할 수도 있고 가능하지 않을 수도 있다. 한붓그리기가 불가능한 경우 그리는 도중에 딱 한 번 종이에서 붓을 떼어 두 번에 그리는 것을 두붓그리기라고 하자. 다음 중 한붓그리기는 불가능하지만 두붓그리기는 가능한 것은?

①  ② 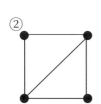 ③ 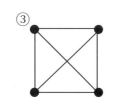 ④ 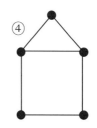 ⑤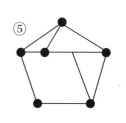

문제해결 전략

＊ 한붓그리기가 가능한 도형: 짝수 점만 있거나 홀수 점이 2개인 경우.

＊ 두붓그리기가 가능한 경우: 종이에서 붓을 떼어 두 번에 그리는 것

풀이

답

아래 그림은 어떤 공예품의 제조공정의 12단계를 방향그래프로 표시한 것으로 노드 번호는 단계의 번호를 나타낸다. 각 노드는 장인 한 명이 1시간이 걸리는 작업을 의미하며 화살표는 작업 간의 선후관계를 의미한다. 12번 단계가 완료되면 공예품이 완성되며, 3번 단계처럼 선수 단계가 없으면 3번 단계를 아무 때나 작업할 수 있다. 장인 두 명이 작업할 경우, 공예품 하나를 만드는 데 걸리는 최소 시간은 얼마일까?

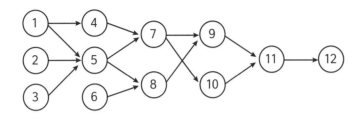

① 6   ② 7   ③ 8   ④ 9   ⑤ 10

문제해결 전략

＊ 노드에서 다른 노드로 가는 모든 방향 그래프를 모두 지나야 한다.

＊ 선행작업을 끝내야 후작업을 진행할 수 있다.

풀이

답

[유형 1] _ 8번 12점

하노이의 탑은 세 개의 기둥과 그중 한 기둥에 규칙대로 쌓여 있는 원판들이 주어지면, 이 원판들을 다른 기둥으로 옮기는 것으로 규칙은 다음과 같다.

(규칙1) 하나의 원판을 기둥에 쌓을 때는 쌓으려는 기둥의 가장 위에 있는 원판보다 작아야 한다.(빈 기둥에는 무조건 쌓을 수 있다.)

(규칙2) 한 번에 하나의 원판만 옮길 수 있다.

원판을 빨리 옮기기 위해 규칙 2 대신 규칙3을 이용하려 한다.

(규칙3) 한 번에 하나 혹은 두 개의 원판을 옮길 수 있다.

7개의 원판이 쌓여져 있을 때 규칙1과 규칙3을 이용하면 최소 몇 번 만에 7개의 원판을 다른 기둥으로 옮길 수 있는가?

답안 내용을 쓰세요.

문제해결 전략

※ 하노이의 탑에서 한 기둥에서 다른 기둥으로 원판을 하나씩 옮기기 위한 횟수: $2^n - 1$ (n: 원판의 수)

→ 두 개씩 옮기기 위한 방법을 생각해 본다.

풀이

답

오른쪽부터 거꾸로 읽어도 원래의 것과 같이 읽히는 문자열을 회문이라 부른다. 예를 들어, "a", "noon", "level"은 회문이다.

영문 알파벳 세 개 {a, b, c}로 만들 수 있는 9글자 길이의 모든 회문을 사전순으로 나열했을 때, 200번째 오는 것은 무엇일까?

① ccbababcc   ② cbbababbc   ③ cbcacacbc

④ cccabaccc   ⑤ ccbacabcc

문제해결 전략

※ 9글자 길이의 회문: 가운데를 중심으로 해서 앞 4글자, 뒤 4글자가 같은 문자로 이루어지도록 하면 된다.

※ 앞의 5글자를 만든 뒤 앞 4글자를 그대로 문자열 뒤에 붙여서 완성한다.

※ 우리가 만드는 회문은 a, b, c를 이용해 5글자 길이의 문자열을 만드는 것과 같다.

풀이

답

[유형 1] _ 10번 14점

오른쪽 그림 (위)와 같이 폭 2m, 길이 10m인 복도 바닥을 1m×2m 크기의 직사각형 타일로 채우려 한다. 타일을 채우는 방법의 수는 총 몇 가지일까? 그림 (가운데, 아래)에서는 두 가지의 서로 다른 타일을 채우는 방법을 예시로 보여주고 있다.

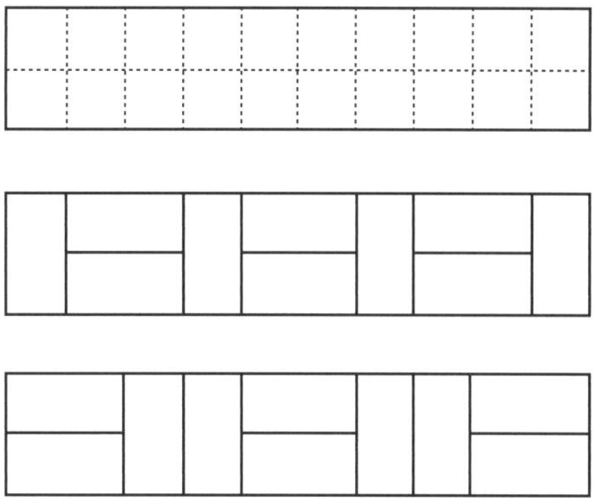

문제해결 전략

＊ 타일을 채우는 방법은 가로 모양의 타일 위치에 따라 달라진다.

풀이

답

같은 길이의 성냥이 담긴 박스가 있다. 정삼각형, 정사각형, 정오각형, 정육각형의 각 쌍을 박스에 담긴 성냥을 모두 사용해서 만들고 싶다. 만약 박스에 11개의 성냥이 있다면, 정삼각형은 성냥 3개로, 정사각형은 성냥 8개로 만들면 11개 성냥을 모두 사용할 수 있다. 정삼각형과 정오각형 쌍에 대해선, 6개로 정삼각형을 만들고 5개로 정오각형을 만들면 된다. 그러나 정삼각형과 정육각형 쌍은 11개의 성냥으로 만들 수 없다. 그래서 11개의 성냥으로는 위의 네 가지 정다각형의 모든 쌍을 만들 수 없다. 네 가지 정다각형의 쌍을 모두 만들 수 있는 최소 개수의 성냥은 몇 개인가?

답안 내용을 쓰세요.

문제해결 전략

＊ 최소공배수를 이용한다.

풀이

답

[유형 1] - 12번 16점

자연수를 아래처럼 빈칸 없이 왼쪽부터 오른쪽 방향으로 차례대로 1부터 나열한다고 가정하자. 가장 왼쪽 자리가 첫 번째 자리라면, 백만 번째 자리에 오는 숫자는 0부터 9까지 중 무엇인가?

1234567891011121314151617181920212223242526 …

답안 내용을 쓰세요.

문제해결 전략

✳ 백만 번째 자리 숫자는 십만 자릿수의 숫자 중 하나이다.
✳ 십만 자릿수는 6글자로 이루어져 있다.

풀이

답

2019년도 정보올림피아드 1차 유형1 채점표

번호	점수	득점 여부
1번	5점	
2번	5점	
3번	7점	
4번	8점	
5번	9점	
6번	10점	
7번	11점	
8번	12점	
9번	13점	
10번	14점	
11번	15점	
12번	16점	
총점	125점	

90점 이상: 정보올림피아드 은상, 금상 수상 점수

80점 이상: 정보올림피아드, 정보영재원 입상 안정권

70점 이상: 정보올림피아드, 정보영재원 입상 커트라인

2020년도 정보올림피아드 1차 유형1 이산수학 문제

 [중등부 유형 1 – 사고력] _ 1번 9점 · · · · **객관식**

p가 소수, a가 p의 배수가 아닌 정수일 때 a^{p-1}을 P로 나눈 나머지는 1이다.

7^{2020}을 5로 나눈 나머지는 얼마인가?

① 0   ② 1   ③ 2   ④ 3   ⑤ 4

문제해결 전략

＊ 7의 제곱수를 5로 나눈 나머지의 패턴을 발견한다.

풀이

답

A와 B가 가위바위보 게임을 한다.

5판 3선승제(다섯 판 중 세 판을 먼저 이기는 사람이 최종 승리)로 게임을 하는데 현재 A가 1승 0패인 상황이다.

비기는 경우는 없어서 가위바위보를 한 번해서 이길 확률이 1/2일 때, A가 최종 승리하는 확률은 얼마인가?

① 1/4   ② 1/2   ③ 3/4   ④ 3/5   ⑤ 11/16

문제해결 전략

＊ 첫 번째 판에서 A가 승리할 수 있는 경우에 대해 확률을 구한 다음 모두 더한다.

승 - 승

승 - 패 - 승

승 - 패 - 패 - 승

패 - 승 - 승

패 - 승 - 패 - 승

패 - 패 - 승 - 승

풀이

답

[중등부 유형 1 – 사고력] _ 3번 9점 · · · · 객관식

지뢰 찾기 게임은 지뢰가 없는 칸을 모두 지우는 것으로, 칸 안의 수는 변 또는 꼭짓점이 맞닿는 주변 여덟 칸에 있는 지뢰의 개수를 의미한다 오른쪽 그림은 25칸 중 11칸을 지운 상태를 나타낸다. 왼쪽 아래 2가 의미하는 것은 주변 다섯 칸 중 이미 지운 칸(5가 적힌 칸)을 제외한 나머지 네 칸 중 두 칸에 지뢰가 있다는 것이다.

남은 14칸 중 가 ~ 마로 표시한 칸들 중 지뢰가 있어서 절대로 지우면 안 되는 칸은?

0	0	1	가	1
나	3	3		1
			다	0
2	5		3	
	라			마

① 가　　　② 나　　　③ 다　　　④ 라　　　⑤ 마

문제해결 전략

※ 숫자 둘레를 사각형으로 테두리 했을 때 6개의 사각형 내에는 반드시 가운데 숫자에 해당하는 지뢰가 있다.

　- 가운데 사각형: 6개의 사각형으로 둘러싸임

　- 변 쪽에 위치한 사각형: 5개의 사각형으로 둘러싸임

※ 꼭짓점에 위치한 사각형: 3개의 사각형으로 둘러싸임

풀이

답

Bubble Sort 알고리즘은 정수가 든 배열을 입력으로 받는다.
알고리즘은 다음 단계를 Sorting이 완료될 때까지 반복적으로 실행한다.

[단계] 배열의 왼쪽 끝에서부터 한 칸씩 진행하면서, 현재 칸의 값이 그 오른쪽 칸의 값보다 크면 교환하는 것을 배열의 오른쪽 끝까지 수행한다.

아래 배열을 입력으로 받았다면 위의 단계가 세 번 반복된 후, 배열의 오른쪽 끝에서 세 번째 자리에는 어떤 값이 존재하는가?

8, 5, 4, 9, 11, 1, 12, 15, 2, 6, 7, 10

① 4   ② 7   ③ 10   ④ 11   ⑤ 12

문제해결 전략

＊ 첫 번째 실행에서 맨 우측으로 가는 숫자는 15이다.
  두 번째, 세 번째 실행에 해당하는 숫자를 찾는다.

풀이

답

[중등부 유형1 – 사고력] _ 5번   10점 · · · · 객관식

세 개의 상자가 있고 각 상자에 다음과 같은 문장이 쓰여 있다고 한다. 세 문장 중 단 하나만이 사실이라고 한다. 또, 세 상자 중 단 하나에 금화가 들어 있다고 한다. 금화는 어느 상자에 있을 수 있는가?

1번 상자: 금화는 이 상자에 있다.

2번 상자: 금화는 이 상자에 없다.

3번 상자: 금화는 1번 상자에 없다.

① 1번   ② 2번   ③ 3번   ④ 모두 가능   ⑤ 모두 불가능

문제해결 전략

＊ 1번이 참이라면 2, 3번은 거짓이므로 공은 1번과 2번에 있으므로 모순이다.

2번, 3번도 같은 방법으로 따져 본다

풀이

답

A, B 두 사람이 1부터 20까지의 자연수 중 임의로 하나씩을 고른다. 두 사람이 같은 값을 고를 수도 있다.

A가 고른 값이 B가 고른 값보다 클 확률은 얼마인가?

단, 각 수를 고를 확률은 같고 A의 선택은 B의 선택에 영향을 미치지 않는다.

① 1/2　　② 2/3　　③ 9/20　　④ 19/40　　⑤ 199/400

> **문제해결 전략**
>
> ＊ A가 고른 숫자를 a, B가 고른 숫자를 b라고 하자.
>
> (1) A, B 두 사람이 임의로 하나를 고를 수 있는 경우의 수
>
> (2) $a > b$일 경우의 수를 구한 다음
>
> 확률＝(2)/(1)를 통해 구한다.

풀이

답

어떤 재혼한 부부는 각자 이전 결혼에서 가졌던 자식들을 데리고 결혼하였다. 즉, 부인이 데리고 온 자식은 남편과 유전적으로는 연결되어 있지 않고, 남편이 데리고 온 자식도 부인과 유전적으로 연결되어 있지 않다.

결혼 10년 후 부부 사이에 몇 명의 자식이 더 생겼고, 이들은 남편과 부인 모두와 유전적으로 연결되어 있다. 지금 자식들의 총 수는 12명이라고 한다.

이들 중 남편과 유전적으로 연결된 자식은 9명이고, 부인과 유전적으로 연결된 자식도 9명이라고 하면 결혼한 후에 태어난 자식의 수는 몇 명인가?

① 3 ② 4 ③ 5 ④ 6 ⑤ 7

문제해결 전략

※ 집합의 원소의 개수를 구하는 방법으로 구해본다.

$n(A \cup B) = n(A) + n(B) - n(A \cap B)$

풀이

답

12명의 여행객이 이동하고 있다. 다른 목적지까지는 20㎞가 남았다. 여행객들이 지친 상황에 다행히 자동차가 하나 나타나 다음 목적지까지 태워주기로 하였다. 자동차는 시속 20㎞로 이용하여 사람은 시속 4㎞로 이동할 수 있다.

모든 여행객이 목적지에 동시에 도착하여야 한다고 하면 가장 빨리 도착할 수 있는 시점은 지금부터 몇 시간 몇 분 후인가? 자동차가 회전하는데 걸리는 시간은 무시한다.

① 2시간 0분 　　② 2시간 5분 　　③ 2시간 8분

④ 2시간 30분 　　⑤ 2시간 36분

문제해결 전략

＊ 8명을 이동시키기 위해서는 자동차를 3번 운행.

＊ 자동차가 움직이는 동안 사람도 움직일 수 있게 해야 시간이 최소가 됨.

풀이

답

1번부터 100번까지 번호가 붙은 100개의 문이 있다. 또, 1번부터 100번까지 번호가 붙은 100명의 사람이 있다.

각 사람은 자기 번호와 그 배수인 모든 문들에 대해 "열려 있으면 닫고, 닫혀 있으면 여는" 작업을 한 번씩 수행한다.

모든 사람이 모든 작업을 마쳤을 때 다음 방 문 중 상태가 다른 하나는?

처음에 모든 방문은 닫혀 있다.

① 2   ② 5   ③ 7   ④ 49   ⑤ 72

문제해결 전략

＊ 어떤 수의 약수가 짝수개이면 닫힌 상태이고, 홀수개이면 열린 상태에 있게 된다.

풀이

답

컵 A에는 빨간 공이 n개 들어 있고, 컵 B에 파란 공이 n개 들어 있다. 컵 A에서 빨간 공 k개를 컵 B로 옮겼다. 컵 B의 공들을 잘 섞은 다음 임의의 k개를 꺼내서 컵 A로 옮겼다.

이때, 컵 A에 있는 파란 공의 개수 x와 컵 B에 있는 빨간 공의 개수 y의 관계에 대한 다음 설명 중 항상 옳은 것은?

① $x>y$

② $x<y$

③ $x>y$인 경우도 반드시 있고 $x<y$인 경우도 반드시 있다.

④ $x=y$

⑤ $x>y$인 경우, $x<y$인 경우, $x=y$인 경우가 모두 반드시 있다.

> 문제해결 전략
>
> ＊ 컵 A에 5개의 빨간 공, 컵 B에는 5개의 파란 공이 있다고 하자.
>
> 컵 A에서 2개의 빨간 공을 컵 B로 옮기는 형식으로 숫자를 통해서 계산하면서 풀어본다.

풀이

답

모든 자연수는 $1, 2, 3$의 합으로 표현할 수 있으며, 그 방법의 수도 여러 가지이다.

예를 들어 5는 $5=1+1+1+1+1=2+1+1+1=1+2+1+1=1+1+2+1=1+1+1+2=2+2+1=2+1+2$ $=1+2+2=3+1+1=1+3+1=1+1+3=3+2=2+3$과 같이 총 13가지의 방법이 있다.

그렇다면 8을 $1, 2, 3$의 합으로 표현하는 방법의 수는 총 몇 가지일까?
참고로 1은 1가지, 2는 2가지, 3은 4가지 방법이 있다.

① 44   ② 64   ③ 71   ④ 81   ⑤ 149

문제해결 전략

※ 자연수 n을 $1, 2, 3$의 합으로 나타낼 수 있는 경우의 수를 $f(n)$이라고 하자.

$f(1)=1$ $f(2)=2$ $f(3)=4$ $f(4)=7$

$f(4)=f(1)+f(2)+f(3)$

풀이

답

폭 2m 길이 10m인 복도 바닥을 1m×2m 크기의 직사각형 타일로 채우려고 한다.

타일을 쪼개거나, 서로 겹칠 수 없다.

이때, 복도 바닥을 주어진 타일들로 빈틈없이 채울 수 있는 가짓수는 모두 몇 가지인가?

아래 그림은 가능한 2가지 방법의 예이다.

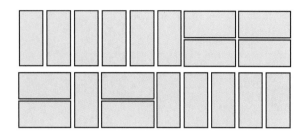

① 54   ② 55   ③ 67   ④ 88   ⑤ 89

문제해결 전략

＊ 11번과 유사한 형태로 풀이가 가능

＊ 10을 1, 2의 합으로 표현 가능

＊ $f(10)=f(9)+f(8)$

풀이

답

2020년도 정보올림피아드 1차 유형1 채점표

번호	점수	득점 여부
1번	9점	
2번	9점	
3번	9점	
4번	9점	
5번	10점	
6번	10점	
7번	10점	
8번	10점	
9번	11점	
10번	11점	
11번	11점	
12번	11점	
총점	120점	

90점 이상: 정보올림피아드 은상, 금상 수상 점수

80점 이상: 정보올림피아드, 정보영재원 입상 안정권

70점 이상: 정보올림피아드, 정보영재원 입상 커트라인

2021년도 정보올림피아드 1차 유형1 이산수학 문제

[중등부 유형 1 – 다른 모자 쓰기] _ 1번   8점

N명의 사람이 있다. 이 사람들은 모두 서로 다른 모자를 쓰고 있는데, 이 모자를 벗어서 모아두었다가 다시 모자를 쓴다. 모자를 쓰는 방법의 수는 총 $N! = N \times (N-1) \times \cdots \times 1$ 가지이다.

이중, 어떤 사람도 자신이 처음 썼던 모자를 다시 쓰지 않는 방법의 수는 $N=2$이면 1가지, $N=3$이면 2가지이다. $N=4$이면 몇 가지가 있는가?

① 7　　　② 8　　　③ 9　　　④ 10　　　⑤ 11

문제해결 전략

＊ $N=2$, $N=3$일 경우, 다음과 같은 방법으로 가짓수를 파악할 수 있다.

＊ $N=4$일 경우도 수형도를 통해 파악한다.

N = 2

①　②

2　1　→　①

N = 3

①　②　③

2 − 3 − 1 → ①

3 − 1 − 2 → ②

풀이

답

한국시리즈 야구 결승은 7전 4선승제로 4번을 먼저 이기는 팀이 우승한다.

A팀과 B팀이 맞붙었는데, 처음 2경기를 A팀이 이긴 상태에서 사회적 거리두기로 더 이상 경기를 진행하지 않기로 했다.

A팀과 B팀의 실력은 동일하여 이길 확률은 같고, 승패를 결정하는 다른 요인이 없다고 하자.

한국시리즈 우승상금은 16억 원이고, 이를 A팀이 2승으로 앞선 상태에서 A팀과 B팀의 우승 확률을 가지고 배분하려고 한다.

A팀에게 얼마를 배정하는 것이 공정할까?

① 8억 원   ② 10억 원   ③ 13억 원

④ 14억 원   ⑤ 15억 원

문제해결 전략

∗ A팀이 이기려면 3번째, 4번째 경기에서 이기면 된다.

∗ B팀이 이기려면 3, 4, 5, 6번째 경기에서 이기면 된다.

∗ 3~7번째 경기에서 이기고 질 확률은 $2^5 = 32$가지이다.

풀이

답

양의 정수에 대해 정의되는 함수 $f(n)$은 다음과 같이 정의된다.

- $f(1)=0$
- n이 2 이상의 짝수라면, $f(n)=f(n/2)+1$
- n이 3 이상의 홀수라면, $f(n)=f(n+1)+1$

$f(2049)$의 값을 구하시오.

문제해결 전략

＊ 오른쪽 그림과 같이 구해 본다.

＊ 재귀 호출 형태로 만들어 1의 개수를 파악한다.

$$
\begin{array}{ccc}
 & f(2049) & \\
 & \swarrow \qquad \searrow & \\
f(2050) & & 1 \\
\swarrow \quad \searrow & & + \\
f(1025) \quad 1 & &
\end{array}
$$

풀이

답

10개의 동전이 있는데, 앞면은 모두 같은 모양이지만 뒷면은 x개의 동전에는 A, $10-x$개의 동전에는 B라고 표시되어 있다. 이 10개의 동전들이 앞면이 위가 되게 놓여 있다.

이중 공평하게 두 개를 한 번에 골라서 뒤집었을 때, 둘 모두 뒷면에 A가 나올 확률이 0.4 이하가 되는 가장 큰 x의 값은?

① 8 　　② 7 　　③ 6 　　④ 5 　　⑤ 4

> **문제해결 전략**
>
> ＊ $x=0, 1$일 경우 $A=2$가 될 확률은 0이다.
> ＊ $x=2$일 경우는 $\dfrac{2}{10} \times \dfrac{1}{9} = \dfrac{2}{90}$ (0.02)
> ＊ $x=3\sim8$까지 구한 다음 가장 큰 x의 값을 구한다.

풀이

답

3L들이 물통 하나, 7L들이 물통 하나가 있다. 두 물통은 눈금이 없다.

물통을 가지고 할 수 있는 일은 다음과 같다. 물의 가격은 없다고 가정하자. 즉 물을 받고 비우는 것에 제약은 없다.

- 수도에서 물을 받아서 물통을 물로 가득 채운다.

- 물통에 든 물을 모두 비운다.

- 한 물통에 있는 물을 다른 물통으로 옮긴다. 이때, 원래 물통이 텅 비거나 다른 물통이 가득 찰 때까지 물을 옮겨야 한다.

이때 두 물통을 이용하여 만들 수 없는 물의 양은? 두 물통 중 하나에 해당하는 양이 남아 있으면 된다.

① 2L   ② 4L   ③ 5L   ④ 6L   ⑤ 1L, 2L, 3L, 4L, 5L, 6L, 7L 모두 만들 수 있다.

> 문제해결 전략
>
> ※ 오른쪽과 같이 3L와 7L를 직사각형의 높이로 표현한 다음, 작은 물통의 물을 큰 물통으로 옮기면 4L를 만들 수 있다.
>
> ※ 나머지 양에 대해서도 비슷한 방법으로 따져본다.

풀이

답

2^{100}(2의 100제곱, $2\times2\times2\cdots\times2$와 같이 2를 100번 곱한 수)을 10진법으로 표현했을 때, 이 수의 10의 자릿수는?

① 8   ② 7   ③ 6   ④ 5   ⑤ 4

문제해결 전략

* $2^{100}=(1024)^{10}$이다. 여기서 24^{10}의 자릿수를 구하는 것과 같다.

$24^{10}=(24^2)^5$이고, $24\times24=576$

그러면 76^5의 자릿수를 구하는 것과 같다. 이렇게 우리에게 필요한 10의 자릿수만 구할 수 있도록 한다.

풀이

답

오른쪽 그림 이진 트리에서 루트 노드로부터 각 잎 노드(최하위의, 자식이 없는 노드들)까지 경로의 길이는 다양하다. 경로의 길이는 경로상에 있는 간선(들)의 가중치의 합으로 정의한다.

일부 간선의 가중치를 증가시켜 루트 노드로부터 모든 잎 노드까지의 경로 길이를 같게 만들고자 한다. 단, 증가시키는 가중치의 합이 최소가 되도록 하길 원할 때, 증가시키는 가중치(최종가중치 - 원래 가중치)의 합은 얼마인가?

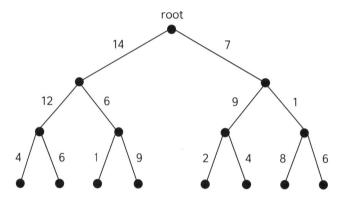

문제해결 전략

* left sub tree의 가중치 합은 오른쪽 그림과 같다.
* right sub tree의 가중치 합도 구해 준다.
* 경로의 길이를 같게 만들기 위해, 증가하는 가중치를 구한 다음 더한다.

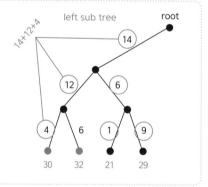

풀이

답

[중등부 유형 1 - 과일 박스 찾기] _ 8번 9점

6개의 과일 박스가 있고, 각 박스에는 한 종류의 과일만 들어있다.

박스에 들어있는 6종류의 과일은 사과, 키위, 딸기, 참외, 포도, 자두이다. 각 박스엔 아래 그림에서 보인 것처럼 과일의 이름이 적혀있다.

사과	키위	딸기	참외	포도	자두

그런데 작업자의 실수로 박스에 적힌 과일 이름이 한 군데만 정확하고 나머진 실제로 들어있는 과일과 다르다.

참고로, 박스만 보아서는 실제로 그 박스에 어떤 과일이 들어있는지를 알 수 없다. 박스를 열면 박스 안에 어떤 과일이 들어있는지 알 수 있다. 이름이 정확하게 적힌 박스를 알기 위해 최악의 경우 열어야 하는 박스의 최소 개수는 몇 개인가?

① 2 ② 3 ③ 4 ④ 5 ⑤ 6

문제해결 전략

* 최악의 경우, 사과만 올바르고 나머지 상자는 다른 과일이 있는 것으로 해서 따져보자.
* 다음과 같이 상자 내에 다른 과일이 있다고 가정한 다음, 하나씩 열어보면서 확인한다.

  키위 → 딸기　　딸기 → 포도　　참외 → 자두

  포도 → 참외　　자두 → 키위
* 이름이 정확하게 적힌 박스를 알기 위해 몇 번 열어보았는지 체크한다.

풀이

답

A, B 두 사람이 다음과 같은 게임을 한다. 두 사람은 테이블 하나에 서로 마주 보고 앉아있다. 테이블 위에는 세 개의 돌무더기가 있고, 각 무더기에는 각각 1개, 2개, 3개의 돌이 있다.

A부터 시작해서 돌아가면서 게임을 진행하는데, 세 돌무더기 중 하나를 고르고, 가져가고 싶은 개수만큼의 돌을 가져간다. 단, 돌을 최소한 한 개는 가져가야 한다. 돌을 가져간 다음, 테이블에 돌이 남아있지 않다면, 이 사람이 이긴다.

A, B 모두 항상 자신이 이기기 위해서 최선을 다한다. 이때 게임의 결과는 어떻게 될까?

　① A가 항상 승리한다.　　　　　　　② B가 항상 승리한다.

　③ A가 승리할 수도, B가 승리할 수도 있다.

문제해결 전략

＊ 오른쪽 그림과 같이 돌무더기를 쌓아놓고, A와 B가 차례대로 돌을 가져가는 경우를 시뮬레이션한다.

＊ 마지막에 승리하는 경우를 따져본다.

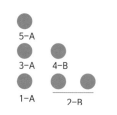

5-A

3-A　4-B

1-A　　2-B

풀이

답

정사면체의 각 면에는 숫자 1, 2, 3, 4가 한 면에 하나씩 적혀있다.

가윤이는 정사면체를 두 번 던진 후, 바닥에 닿은 면의 두 수 a와 $b(a \leq b)$를 구한 다음, 나은에게는 두 수의 합 $a+b$를, 다래에게는 두 수의 곱 $a \times b$를 알려주었다.

가윤이가 알고 있는 두 수에 대해 나은이와 다래가 아래와 같이 대화를 나눈다. 두 사람은 모두 자신이 아는 한 진실만을 말하였다.

- 나은: 넌 두 수가 뭔지 알겠니?
- 다래: 모르겠어. 넌 두 수가 뭔지 알겠니?
- 나은: 처음엔 몰랐는데 이젠 알겠어.
- 다래: 난 여전히 모르겠는걸.
- 나은: 가윤이가 말하길, 네가 들은 수와 내가 들은 수가 다르다고 했어.
- 다래: 오! 나도 이젠 알겠어.

a^2+b^2의 값은?

① 2   ② 5   ③ 8   ④ 10   ⑤ 17

문제해결 전략

 ※ 더하거나 곱했을 때 서로 다른 수를 찾아본다.

풀이

답

1부터 n까지 번호가 매겨진 n개의 노드가 있는 유향 단순 그래프(simple directed graph)가 있다.

이 중 한 노드가 진입 차수(in-degree)가 0이고, 진출 차수(out-degree)가 $n-1$임이 보장되어 있다. 이 노드를 "중심노드"라고 하자.

query(a, b)는 두 노드 a와 b에 대해 a에서 b를 향하는 방향성 간선($a{\to}b$)이 존재하는지 질의를 하는 함수이며, 이 질의에 대한 답은 yes(존재함) 또는 no(존재하지않음)이다. 어떤 그래프에서도 중심 노드를 찾는 것을 보장하는 query 함수의 최소 호출 횟수는?

① $\lceil \log_2 n \rceil$ ② $\lceil n/2 \rceil$ ③ $n-1$

④ n ⑤ $n(n-1)/2$

문제해결 전략

＊ 오른쪽과 같이 그린 그래프가 주어진 조건을 만족한다.

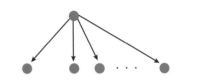

풀이

답

오른쪽 그림에서 보인 것 같은 격자의 출발점에서 도착점까지 가기 위해서는 오른쪽 또는 아래로 이동하는 것만 허용된다. 또한, ×로 표시된 곳은 지나갈 수 없다.

●로 표시된 곳을 두 군데 이상 지나가는 서로 다른 경로의 개수는 몇 개인가?

① 42   ② 51   ③ 53   ④ 63   ⑤ 108

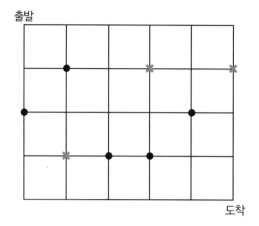

문제해결 전략

＊ 갈 수 없는 경로는 배제한다.

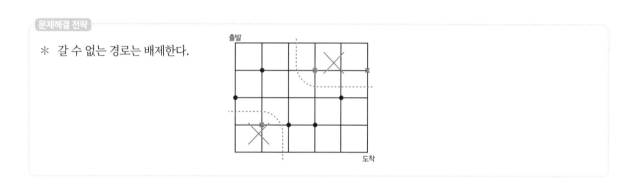

풀이

답

2021년도 정보올림피아드 1차 유형1 채점표

번호	점수	득점 여부
1번	8점	
2번	8점	
3번	8점	
4번	8점	
5번	9점	
6번	9점	
7번	9점	
8번	9점	
9번	9점	
10번	10점	
11번	10점	
12번	10점	
총점	107점	

90점 이상: 정보올림피아드 은상, 금상 수상 점수

80점 이상: 정보올림피아드, 정보영재원 입상 안정권

70점 이상: 정보올림피아드, 정보영재원 입상 커트라인

IT 영재를 위한

이산 수학(중등)

PART IV

이산 수학
4개년 기출문제

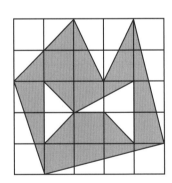

1. 5개의 수 $30, x, y, z, 50$에 대하여, x, y, z는 각각 왼쪽에 있는 수와 오른쪽에 있는 수의 평균값이다. $x+y+z$의 값은?

   ① 120　　　② 125　　　③ 127　　　④ 135　　　⑤ 140

2. 7^{2014}의 마지막 자리의 숫자(1의 자릿수)는 얼마인가?

   ① 1　　　② 3　　　③ 5　　　④ 7　　　⑤ 9

3. 오른쪽 그림에서 가장 작은 정사각형은 모두 변의 길이가 1인 정사각형들이다. 색칠된 영역의 면적은 얼마인가?

   ① 11　　　② 11.8　　　③ 12　　　④ 12.5　　　⑤ 13

4. 재석과 명수는 일직선 도로에서 함께 운동을 했다. 재석은 이 도로의 반을 시속 12km로 달리고, 나머지 반은 시속 4km로 달린 후, 시간을 재었더니 A시간이 걸렸다. 명수는 도로의 처음 3분의 2는 시속 15km로 달리고 나머지는 시속 5km로 달린 후, 시간을 재었더니 B시간이 걸렸다. A÷B의 값은?

① $\frac{5}{4}$ ② $\frac{4}{3}$ ③ 1   ④ $\frac{7}{5}$ ⑤ $\frac{3}{2}$

5. A, B, C는 서로 다른 한자리 자연수들이다. 다음의 덧셈식이 성립한다면 A+B+C의 값은?

$$
\begin{array}{r}
A\ A\ A \\
B\ B\ B \\
+\ \ C\ C\ C \\
\hline
C\ B\ B\ A
\end{array}
$$

① 11   ② 13   ③ 16   ④ 18   ⑤ 19

6. 다음 보기에는 각각 4행, 4열로 1부터 16까지의 수들이 표에 나열되어 있다. 5가지 보기 중에 4개는 서로 간에 여러 번의 행의 교환 혹은 열의 교환만으로 만들 수 있지만, 남은 하나는 그것이 불가능하다. 행 혹은 열의 교환만으로 만들 수 없는 보기는 무엇인가? 행의 교환이란 임의의 두 행 전체를 서로 바꾸는 것을 말한다. 마찬가지로 열의 교환은 임의의 두 열 전체를 서로 바꾸는 것을 뜻한다.

①

9	12	11	10
1	4	3	2
5	8	7	6
13	16	15	14

②

15	13	16	14
3	1	4	2
11	9	12	10
7	5	8	8

③

8	6	7	5
16	14	9	13
12	10	11	15
4	2	3	1

④

11	12	9	10
3	4	1	2
15	16	13	14
7	8	5	6

⑤

5	7	8	6
1	3	4	2
9	11	12	10
13	15	16	14

7. 이차원 평면의 원점 (0, 0)에서 시작해서 한 번에 왼쪽, 오른쪽, 위쪽, 아래쪽 중 한 방향을 마음대로 정해 그 방향으로 거리 1만큼 이동하려고 한다. (0, 0)에서 한 번의 이동으로 갈 수 있는 곳은 (0, 1), (1, 0), (0, -1), (-1, 0)으로 모두 네 점이다. 그렇다면 정확히 10번 이동해서 도달할 수 있는 서로 다른 점의 개수는 몇 개인가?

① 100   ② 121   ③ 135   ④ 185   ⑤ 221

8. 동전이 10개씩 들어있는 자루 10개가 있다. 이 중에 9개의 자루에는 모두 정상인 동전이 들어있고, 나머지 하나의 자루에 들어있는 동전은 모두 가짜이다. 정상인 동전 하나의 무게는 10g이고, 가짜 동전은 정상인 동전과 무게는 다르지만 가짜 동전끼리는 모두 같은 무게를 가진다고 한다. 무게를 정확히 잴 수 있는 저울을 최대 k번 이용하여 항상 가짜 동전이 들어있는 자루를 찾을 수 있어야 한다. 가능한 가장 작은 k는 얼마인가?

① 1   ② 2   ③ 3   ④ 5   ⑤ 7

9. 속이 보이지 않는 주머니 안에 검은색 공이 20개, 흰색 공이 16개 있다. 여기서 두 개의 공을 보지 않고 꺼낸 다음, 두 공의 색이 같으면 새로운 검은색 공을 주머니에 넣고, 두 공의 색이 다르면 새로운 흰색 공을 넣는다. 이러한 과정을 주머니에 공이 한 개만 남을 때까지 반복하여, 남은 공의 색을 A라 하자. 초기에 검은색 공이 20개, 흰색 공이 15개일 때에 대해서, 위의 과정을 똑같이 반복했을 때에 마지막에 남은 공의 색을 B라 하자. A와 B는 각각 무슨 색인지 알 수 있을까?

① A=검은색, B=검은색

② A=검은색, B=흰색

③ A=흰색, B=검은색

④ A=흰색, B는 검은색 또는 흰색 모두 가능

⑤ A, B 둘 다 검은색 또는 흰색 모두 가능

10. 어떤 알고리즘은 아래의 그림에서 보이는 바와 같이 $n=1$일 때에 작은 정삼각형에서 시작하여, n이 증가할 때마다, 바깥쪽 변에 작은 삼각형을 붙여나가는 방식으로 삼각형의 개수를 늘려간다고 한다. 예를 들어, $n=4$일 때에는 가장 작은 삼각형은 19개이다. $n=11$일 때 가장 작은 삼각형의 개수는 몇 개가 될까?

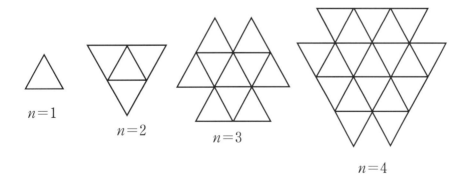

11. 오른쪽 그림과 같은 5각형 모양의 산책로를 걷는 두 사람 A, B가 있다. A는 점 P에서 출발하여 시계 방향으로 1분에 80m의 속도로, B는 점 Q에서 시계 반대 방향으로 1분에 120m의 속도로 산책로를 걷고 있다. A와 B가 각각 점 P, Q에서 동시에 출발하여 A가 산책로를 100바퀴를 돌았을 때, A와 B는 몇 번 만나는가? 꼭짓점을 지날 때에서도 항상 같은 속도를 유지한다. 변 옆의 수는 변의 길이 (m)를 나타낸다.

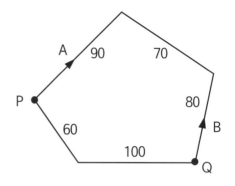

① 235   ② 240   ③ 245   ④ 250   ⑤ 255

12. 10개의 수들이 20, 40, 70, 10, 80, 30, 100, 50, 60, 90의 순서로 나열되어 있다. 이 수들에 대하여, 임의의 두 수의 교환을 반복 수행하여, 작은 수부터 큰 순서대로 다시 나열하고자 한다. 교환하는 두 수는 인접하지 않아도 된다. 두 수의 교환 횟수의 최솟값은 얼마인가?

① 6   ② 7   ③ 8   ④ 9   ⑤ 10

13. 세 천재 A, B, C가 다음의 사실 (i), (ii), (iii)을 모두 알고 있다.

> (i) A, B, C가 가지고 있는 공은 모두 13개이다.
>
> (ii) A, B, C가 가지고 있는 공의 개수는 모두 다르고, 각각 하나 이상의 공을 가지고 있다.
>
> (iii) A는 가장 적은 공을 가지고 있고, C는 가장 많은 공을 가지고 있다.

이때, A, B, C는 자신이 갖고 있는 공의 개수만 확인한 상태에서, 차례로 다음과 같이 말했다.

> A: (충분히 생각한 후) B와 C가 각각 몇 개의 공을 가지고 있는지 알 수 없었다.
>
> C: (A의 말을 듣고 충분히 생각한 후) A와 B가 각각 몇 개의 공을 가지고 있는지 알 수 없었다.
>
> B: (A와 C의 말을 듣고 충분히 생각한 후) A와 C가 각각 몇 개의 공을 가지고 있는지 알 수 없었다.

A, B, C가 말한 것이 항상 참일 때, B가 가지고 있는 공은 몇 개인가?

① 2   ② 3   ③ 4   ④ 5   ⑤ 알 수 없음

14. 다음 도형에서 작은 사각형은 모두 가로길이와 세로길이가 1인 정사각형이다. 이 도형의 점 A에서 출발하여 선분을 따라 움직이면서, 도형의 모든 선분을 지나 A로 다시 돌아오고자 한다. 같은 선분을 두 번 이상 지나도 된다. 지나는 거리의 최솟값은 얼마인가?

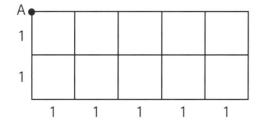

15. 1부터 30까지의 서로 다른 자연수 30개가 칠판에 쓰여 있다. 이 중에서 임의의 두 수 a, b를 선택한 후 a와 b를 지우고, $|a-b|$를 칠판에 새로 적는다. 이 과정을 29번 반복하면 칠판에는 숫자 하나만 남게 된다. 1에서 30까지의 수들 중에서 최종적으로 칠판에 남을 수 없는 숫자들을 모두 더하면 얼마인가?

① 0 ② 128 ③ 225 ④ 240 ⑤ 255

2014년도 정보올림피아드 기출문제 채점표

번호	점수	득점 여부
1번	5점	
2번	5점	
3번	5점	
4번	5점	
5번	6점	
6번	6점	
7번	6점	
8번	6점	
9번	7점	
10번	7점	
11번	7점	
12번	8점	
13번	8점	
14번	9점	
15번	10점	
총점	100점	

90점 이상: 정보올림피아드 은상, 금상 수상 점수

80점 이상: 정보올림피아드, 정보영재원 입상 안정권

70점 이상: 정보올림피아드, 정보영재원 입상 커트라인

2 2015년 정보올림피아드 1차 유형1 이산수학 기출문제

1. 1에서 10까지의 자연수를 모두 곱한 수를 X라고 하자. X를 8진수로 표기하면 제일 오른쪽에 연속으로 나타나는 0은 모두 몇 개일까?

   ① 1   ② 2   ③ 4   ④ 6   ⑤ 8

2. 정점 6개가 있는 그래프에서, 각 정점마다 간선으로 연결된 다른 정점의 수를 세었더니 다음 보기와 같았다고 하자. 이 중 불가능한 것은 무엇일까?

   ① 1, 1, 1, 2, 2, 2   ② 5, 5, 5, 5, 5, 5   ③ 2, 2, 2, 2, 2, 2
   ④ 3, 3, 4, 4, 4, 4   ⑤ 0, 0, 0, 0, 0, 0

3. 1 이상인 네 정수 a, b, c, d에 대해 $a+b+c+d=10$을 만족하는 순서쌍 (a, b, c, d)의 가짓수는?

   ① 24   ② 84   ③ 112   ④ 120   ⑤ 216

4. 5원, 8원 두 가지 종류의 우표가 있다. 이 두 종류의 우표를 이용하여 우편 요금을 지불하려고 한다. 우표의 개수에 제한이 없을 때, 우편 요금이 어떤 값 X 이상이라면 항상 이 두 가지 우표를 이용하여 지불할 수 있다. X의 최솟값은 무엇인가?

① 24　　　　② 26　　　　③ 27　　　　④ 28　　　　⑤ 31

5. 아래처럼 네 자리 자연수 ABCD에 E를 곱했더니 네 자리 자연수 DCBA가 되었다. A, B, C, D, E는 모두 1 이상 9 이하의 서로 다른 숫자이다. D는 몇일까?

$$
\begin{array}{r}
A\ B\ C\ D \\
\times \quad\quad E \\
\hline
D\ C\ B\ A
\end{array}
$$

① 3　　　　② 4　　　　③ 7　　　　④ 8　　　　⑤ 9

6. 1에서 13까지의 자연수를 오른쪽 그림의 원 안에 하나씩 써넣을 때에 가운데 원을 지나는 직선 위에 놓인 세 숫자의 합이 모두 같도록 만들고 싶다. 가운데 원에 넣을 수 없는 수는 무엇인가?

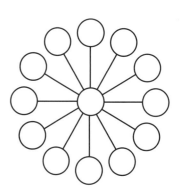

① 1　　　　② 6　　　　③ 7　　　　④ 13　　　　⑤ 없다

7. 1, 2, 3, 10, 11, 12, 19, 20, 21을 오른쪽 그림과 같은 정방형 칸에 하나씩 넣어 가로, 세로, 대각선의 합이 모두 X로 같게 만들려고 한다. 가능한 X 의 값은 무엇인가?

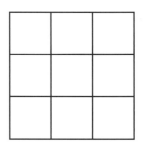

① 27   ② 29   ③ 31   ④ 33   ⑤ 35

8. 어떤 자연수의 제곱으로 나타낼 수 있는 수를 제곱수라고 부른다. 예를 들어, 1, 4, 9 등은 제곱수이다. 임의의 자연수는 여러 개의 제곱수의 합으로 표현할 수 있다. 예를 들어, 5=4+1, 7=4+1+1+1과 같이 쓸 수 있으며 5는 두 개의 제곱수의 합, 7은 4개의 제곱수의 합으로 나타낼 수 있다는 것을 알 수 있다. 그렇다면 89는 최소 몇 개의 제곱수의 합으로 표현할 수 있을까?

① 1   ② 2   ③ 3   ④ 4   ⑤ 5

9. 철수의 집은 A에 있다. 집에서 출발하여 B 지점에 있는 학교까지 걸어가야 하는데 중간에 C 지점에 있는 편의점을 들러서 가고 싶어 한다.
오른쪽 그림은 A, B, C 지점의 주변을 약도로 표시한 것으로 각 선분은 철수가 지날 수 있는 길을 의미하며 가장 작은 정사각형의 가로, 세로 길이는 모두 정확히 1이다. 철수가 선택할 수 있는 최단 경로는 모두 몇 가지인가?

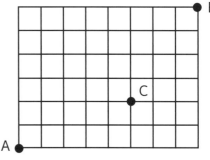

① 315   ② 420   ③ 525   ④ 735   ⑤ 1176

10. 오른쪽 도형은 각 꼭짓점 사이의 거리가 1인 도형이며, 한붓그리기가 불가능하다. 즉, 종이에서 연필을 떼지 않고 모든 선분을 한 번씩만 지나도록 그리는 것은 불가능한 도형이다.

만약 같은 선분을 두 번 이상 지나는 것을 허용하여 연필을 종이에서 떼지 않고 한 번에 그린다면, 연필의 이동 거리는 최소 얼마가 될까?

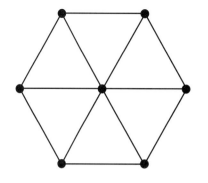

① 12   ② 14   ③ 16   ④ 18   ⑤ 20

11. 양의 정수들이 주어져 있을 때, 이들 정수 중 한 개 이상을 선택하고 이 선택한 정수를 모두 더하여 하나의 정수를 만들 수 있다. 예를 들어, 4개의 양의 정수(1, 2, 1, 4)가 주어질 경우 다음과 같이 1부터 8까지의 모든 정수를 만들 수 있다:

1, 2, 1+2=3, 4, 1+4=5, 2+4=6, 1+2+4=7, 1+2+1+4=8

10개의 양의 정수(25, 10, 1, 1, 7, 2, 3, 104, 20, 30)가 주어질 때 여기에 어떤 양의 정수 하나를 더 추가하면, 이들 11개의 정수들로부터 1부터 200까지의 모든 정수들을 만들 수 있다. 추가해야 할 정수의 최솟값은 무엇인가?

① 1   ② 2   ③ 3   ④ 4   ⑤ 5

12. 어떤 프로그램은 임의의 자연수에 대해서 그 결과가 1이 나올 때까지, 아래의 연산을 반복한다.

그 자연수가 짝수라면 2로 나눈다. 홀수라면 3을 곱하고 1을 더한다.

예를 들어, 자연수 5에서 시작했다면, 5→16→8→4→2→1의 순서로 값이 변하며 마지막에 1에 도달하게 된다. 이때 실행한 연산의 횟수는 5회이다. 아래의 보기에 주어진 자연수 중 1이 되기까지 가장 많은 연산이 필요한 것은 무엇일까?

① 3 　　　② 5 　　　③ 7 　　　④ 8 　　　⑤ 9

13. 명수네 집은 화장실 공사 중이다. 명수네 집의 화장실은 아래의 왼쪽 그림과 같은 가로, 세로 8인 정사각형 모양이다. 화장실 바닥을 오른쪽 그림과 같은 모양의 타일로 채우려고 하는데, 화장실 바닥 중 한 칸은 하수도를 연결하기 위한 배수구로 사용해야 하기 때문에 타일로 채울 필요가 없다. 명수는 그림에서 A, B, C, D 중 한 곳을 배수구 위치로 하고 싶다. 화장실 배수구의 위치로 불가능한 곳은 어디일까?

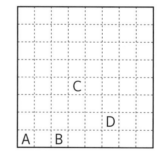

① A 　　　② B 　　　③ C 　　　④ D 　　　⑤ 없다

14. 10명의 사람들이 순서대로 줄을 서 있다. 앞에 있는 사람부터 차례대로 가지고 있는 구슬의 수가 10, 13, 26, 11, 15, 12, 18, 13, 25, 7개이다. 사람들이 가지는 구슬의 개수를 모두 같게 하기 위하여 분배작업을 수행하려 한다. 분배작업 1회는 다음과 같다.

어떤 한 명이 인접한 한 사람에게 자신이 가지고 있는 구슬 중 일부를 준다.

모든 사람이 같은 수의 구슬을 가지게 하는데 필요한 분배작업의 최소 횟수는 얼마인가?

① 5   ② 6   ③ 7   ④ 8   ⑤ 9

15. KOI 왕국의 통치자인 King Suryal은 마음씨가 좋다. 어느 날 King Suryal은 첩보를 통해 왕국 와인 저장고의 1000병의 와인 중에 한 병에 독이 들어있다는 사실을 알아내었다. 하지만 어떤 와인 병에 독이 든 것인지는 알 수가 없었다. King Suryal은 부하들을 죽일 수는 없어서 생쥐 N마리에게 와인을 먹여서 독이 든 병을 찾기로 했다. 첩보에 의하면 독이 든 와인은 독이 너무나 강력하여 다른 와인과 섞어 얼마만큼 희석을 시킨다 하더라도 마신 후 정확히 30일 후에 무조건 사망한다고 한다. King Suryal 은 오늘로부터 정확히 30일 후에 있을 축제에 와인을 사용할 예정이므로 각 생쥐에게 와인을 먹일 수 있는 횟수는 1회이다. 많은 생쥐를 사용하지 않으려 하므로 N을 최소화했다고 한다. 이 N마리의 생쥐 중 어떤 경우에라도 최대 K마리만을 희생시키려고 한다. 가능한 K의 최솟값은 얼마인가?

① 1   ② 8   ③ 9   ④ 10   ⑤ 999

2015년도 정보올림피아드 기출문제 채점표

번호	점수	득점 여부
1번	5점	
2번	5점	
3번	5점	
4번	5점	
5번	6점	
6번	6점	
7번	6점	
8번	6점	
9번	7점	
10번	7점	
11번	7점	
12번	8점	
13번	8점	
14번	9점	
15번	10점	
총점	100점	

90점 이상: 정보올림피아드 은상, 금상 수상 점수

80점 이상: 정보올림피아드, 정보영재원 입상 안정권

70점 이상: 정보올림피아드, 정보영재원 입상 커트라인

2016년 정보올림피아드 1차 유형1 이산수학 기출문제

1. 어떤 수 x에 대해 등식 $x^3+x^2+x+1=0$이 성립한다고 한다. 이때 x^{2016}의 값은?

   ① -1   ② 0   ③ 1   ④ 2   ⑤ 2016

2. 1에서 20까지의 자연수를 모두 곱한 수를 x라고 하자. x를 16진수로 표기했을 때 오른쪽 끝에 연속적으로 나타나는 0의 개수는?

   ① 2   ② 3   ③ 4   ④ 9   ⑤ 18

3. 자연수의 제곱으로 나타낼 수 있는 수를 제곱수라고 부른다. 예를 들어, 1, 4, 9 등은 제곱수이다. 임의의 자연수는 여러 개의 제곱수의 합으로 표현할 수 있다. 예를 들어, 4=4, 5=4+1, 7=4+1+1+1이므로 4는 한 개의 제곱수의 합, 5는 두 개의 제곱수의 합, 7은 4개의 제곱수의 합으로 나타낼 수 있다. 실제로 7은 제곱수의 합으로 표현하기 위해 적어도 4개의 제곱수가 필요한 제일 작은 자연수이다. 이와 같이 자연수를 최소 개수의 제곱수의 합으로 표현할 때, 4개 이상의 제곱수가 필요한 두 번째로 작은 자연수는?

   ① 11   ② 12   ③ 13   ④ 14   ⑤ 15

4. 자동차의 주행 거리를 기록하는 장치는 다섯 자리로 구성되어 있다. 즉, 00000km부터 99999km까지 기록할 수 있다. 00000km부터 시작하여 1km씩 증가하여 99999km까지 도달하는 동안 주행 장치에 나타난 1의 횟수는? (예를 들면 00111km, 00112km, 00113km에서 나타나는 1의 횟수는 모두 7개이다.)

① 20000　　② 30000　　③ 40000　　④ 50000　　⑤ 60000

5. 시침과 분침으로 시간을 나타내는 아날로그 시계가 있다. 이 시계로 어느 날 오후 12시 1분부터 다음 날 오전 10시 50분 사이에 시침과 분침이 정확하게 겹치는 것은 총 몇 회인가?

① 19　　　　② 20　　　　③ 21　　　　④ 22　　　　⑤ 23

6. n명의 사람들이 일렬로 줄을 서 있다. 이들 n명의 사람들을 다음 조건을 만족하도록 하나 이상의 그룹으로 나누려고 한다.

　　(1) 각 그룹은 한 명 이상의 사람이 속해야 한다.

　　(2) 각 그룹에 속하는 사람들은 연속하여 서 있는 사람들이어야 한다.

　　(3) 각 사람은 정확히 한 개의 그룹에 속해야 한다.

$n=3$인 경우, 위의 조건에 만족하도록 그룹을 나누는 방법은 총 네 가지이다. $n=6$이라면, 가능한 방법의 수는?

① 8　　　　② 14　　　　③ 16　　　　④ 28　　　　⑤ 32

7. 아래의 그림은 여러 개의 도시(a, b, c, d, e, f, g, h, i) 사이에 도로를 건설하는 비용을 보여주고 있다. 모든 도시를 연결할 때 필요한 최소 비용은 얼마인가?

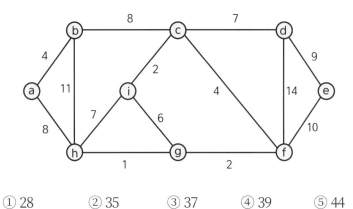

① 28　　　② 35　　　③ 37　　　④ 39　　　⑤ 44

8. 다음 보기 중에서 세 자리 자연수와 한 자리 자연수의 곱으로 나타낼 수 있고, 두 자리 자연수와 두 자리 자연수의 곱으로도 나타낼 수 있는 가장 큰 수는?

① 8100　　　② 8910　　　③ 8928　　　④ 8930　　　⑤ 9702

9. 두 개의 사각형이 있을 때, 이들의 변과 변이 서로 교차하여 생기는 교차점의 최대 개수는? (단, 교차점이 무한히 많은 경우는 고려하지 않는다.)

① 4　　　② 6　　　③ 8　　　④ 12　　　⑤ 16

10. 오른쪽 그림은 A 지점과 B 지점을 연결하는 길을 약도로 표시한 것이며 가장 작은 정사각형의 가로, 세로 길이는 모두 1이다.

A 지점에서 B 지점으로 이동할 때에 선택할 수 있는 최단 경로는 모두 몇 가지인가? (사각형에서 대각선으로 표시된 길은 그 사각형의 가로, 세로 길이보다 길다는 것을 유의하라.)

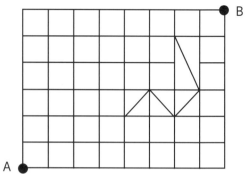

① 307 　　② 308 　　③ 322 　　④ 420 　　⑤ 525

11. 무게가 1, 2, 3인 추를 아래 왼쪽 그림처럼 매달면 저울의 균형이 맞게 된다. 아래 오른쪽 그림과 같은 저울에 무게가 1, 2, 3, 4, 5인 추를 정확히 하나씩 사용하여 저울이 균형을 이루도록 매달고 싶다. [*]에 매달아야 하는 추의 무게는?

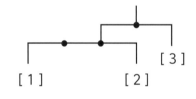

① 1 　　② 2 　　③ 3 　　④ 4 　　⑤ 5

12. 다섯 자리 자연수 ABCDE에 한 자리 자연수 F를 곱해서, 여섯 자리 자연수 GGGGGG가 되었다. 여기서, A, B, C, D, E, F, G는 모두 0이 아니고 서로 다르다. 그러면 C+G는 얼마인가?

$$
\begin{array}{r}
\text{A B C D E} \\
\times \qquad \text{F} \\
\hline
\text{G G G G G G}
\end{array}
$$

① 7 　　　② 8 　　　③ 10 　　　④ 12 　　　⑤ 13

13. 이세돌 씨 부부를 포함하여 총 5쌍의 부부가 모임을 가졌다. 그들은 아무도 자신의 배우자와는 악수를 하지 않았고, 같은 사람과 두 번 이상 악수하지도 않았다. 이세돌 씨는 아내를 포함한 다른 사람들에게 악수를 몇 번이나 했는지 물었다. 놀랍게도 그들 모두가 다 다른 대답을 했다. 그러면 이세돌 씨는 몇 번 악수했을까?

① 1 　　　② 2 　　　③ 3 　　　④ 4 　　　⑤ 5

44. [단답형] 아래 색칠된 것은 철판으로 만든 다각형이다. 이 모양을 레이저를 이용하여 몇 개의 조각으로 절단하려고 한다. 레이저는 최대 두 번까지 사용할 수 있는데, 한 번은 수평 방향으로 자르고 다른 한 번은 수직 방향으로 잘라야 한다. 최대 몇 개의 철판 조각을 만들 수 있을까? (철판은 고정되어 있어서 한 번 자른 후 철판 조각을 이동하거나 겹쳐서 자르는 것은 불가능하다.)

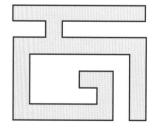

45. [단답형] 열 자리 자연수 N이 있다. N의 가장 왼쪽 자리에는 N의 자리 값 중에서 0의 개수, 그다음 자리 값은 1의 개수, 그다음 자릿값은 2의 개수, ⋯ 마지막 자리 값(가장 오른쪽 자리 값)은 9의 개수가 된다. N의 0이 아닌 자리의 값을 모두 곱하면 얼마인가?

2016년도 정보올림피아드 기출문제 채점표

번호	점수	득점 여부
1번	5점	
2번	5점	
3번	5점	
4번	5점	
5번	6점	
6번	6점	
7번	6점	
8번	6점	
9번	7점	
10번	7점	
11번	7점	
12번	8점	
13번	8점	
44번	9점	
45번	10점	
총점	100점	

90점 이상: 정보올림피아드 은상, 금상 수상 점수

80점 이상: 정보올림피아드, 정보영재원 입상 안정권

70점 이상: 정보올림피아드, 정보영재원 입상 커트라인

1. 두 자연수 a와 b에 대하여 a^b은 a를 b번 곱해서 얻은 수이다. 예를 들어, $4^3 = 4 \times 4 \times 4$이다. $2^{2017} + 3^{2017} + 5^{2017} + 7^{2017}$의 마지막 자리의 숫자(1의 자릿수)는 얼마인가?

   ① 1   ② 3   ③ 5   ④ 7   ⑤ 9

2. 농장 풀밭에 소, 염소, 거위가 각각 한 마리씩 있다. 소와 염소는 둘이서 함께 풀밭의 풀을 45일에 다 먹고, 소와 거위는 60일, 염소와 거위는 90일 만에 다 먹는다. 만약, 소, 염소, 거위를 동시에 풀을 먹게 한다면 며칠 만에 풀밭의 풀을 다 먹을까?

   ① 20   ② 25   ③ 30   ④ 35   ⑤ 40

3. 6^{2017}을 4진수로 표기할 때 가장 오른쪽에 나타나는 연속된 0의 개수는 몇 개일까?

   ① 673   ② 674   ③ 1008   ④ 1345   ⑤ 1556

4. 평면 위에 임의의 삼각형 두 개를 놓아서 두 삼각형의 교집합 영역이 삼각형, 사각형, 오각형, 혹은 육각형이 되도록 하고 싶다. 이 중에서 불가능한 모양은 무엇일까?

① 삼각형　　　② 사각형　　　③ 오각형　　　④ 육각형　　　⑤ 모두 가능

5. 30명의 친구들이 먹기 위해서 세상에서 가장 큰 피자를 한 판 주문하였다. 하지만 배달된 피자를 확인해보니, 그 큰 피자가 전혀 잘려있지 않았다. 당신은 큰 칼을 이용해 이 피자를 30조각으로 자르려고 한다. 칼은 피자를 직선으로만 자른다고 할 때, 당신은 최소 몇 번의 칼질을 해야 할까? 칼질 후에 피자 조각의 크기의 차이는 모두 신경 쓰지 않는다고 한다.

여러 번의 칼질 사이에 피자 조각을 들어 옮기는 경우는 없으며, 피자 모양은 완전한 원형으로 가정한다.

① 7　　　　　② 8　　　　　③ 9　　　　　④ 10　　　　⑤ 11

6. 사다리 게임은 아래 그림과 같이 수직선과 수평선으로 이루어진 그림에서 각 수직선의 맨 위에서 출발하여 선을 따라 내려오다가 수평선을 만날 때마다 반대편 수직선으로 건너가는 방식으로 진행하여 도착하는 지점을 찾는다. ○ 표시가 있는 곳에 도착하게 되면 승리하는 조건이다. 당신은 출발점으로 두 번째 수직선(그림에서 화살표가 가리키는 수직선)을 선택하였는데 선택 후에 그 시작점에서 출발하면 승리할 수 없다는 것을 깨달았다. 대신 수평선을 몇 개 추가로 그리면 승리할 수 있다고 한다. 그려야 할 수평선의 최소 개수는 몇 개일까? 단, 수평선은 항상 인접한 두 수직선 사이에만 위치해야 하며, 다른 수평선과 같은 높이에 그릴 수 없다.

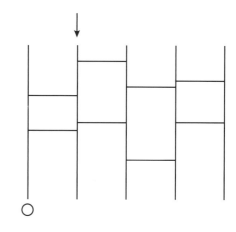

① 1　　　　　② 2　　　　　③ 3　　　　　④ 4　　　　　⑤ 5

7. A, B, C, D가 처음 만나서 몇 명이 서로 악수를 했다. 이때, 악수를 한 두 사람의 쌍(순서쌍 아님)들의 집합을 x라 하자. 적어도 한 쌍이 악수를 했고, 누구도 같은 사람과는 2번 이상 악수를 하지 않았다면 x 가 될 수 있는 집합은 모두 몇 개인가?

① 8   ② 9   ③ 10   ④ 63   ⑤ 64

8. 다음의 그래프에서 정점 p에서 정점 z까지 이동할 수 있는 방법의 수는?

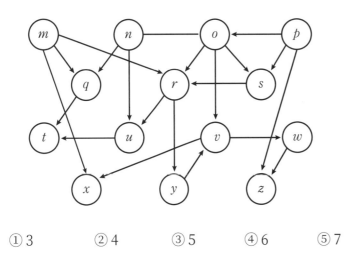

① 3   ② 4   ③ 5   ④ 6   ⑤ 7

9. 오른쪽 그림에는 정수 좌표를 가지는 17개의 점이 표시되어 있다. 점선으로 표시된 두 평행하고 인접한 선 사이의 거리는 정확히 1이다. 이 17개의 점들 중에서 적어도 세 개를 지나는 직선의 개수는 총 몇 개인가?

① 10   ② 16   ③ 20   ④ 28   ⑤ 32

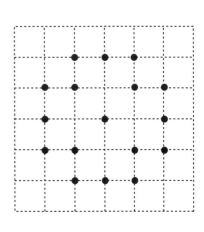

10. 시침과 분침이 현재 12시 정각을 가리키고 있다. 12시간 이후에 다시 12시 정각에 오게 된다. 12시간 동안 시침과 분침이 이루는 각도가 정확히 90도가 되는 경우는 총 몇 번인가?

① 10　　　　② 11　　　　③ 21　　　　④ 22　　　　⑤ 24

11. 준우는 모든 간선의 길이가 1인 서로 다른 5개의 그래프에서 시작 정점에서 모든 정점까지 최단 거리를 구하였다. 하지만 급하게 하느라 실수가 있어서 1개의 그래프에 대해서는 최단 거리를 잘못 구하였다. 아래와 같이 그래프의 일부만 주어졌을 때 잘못 구한 그래프를 찾아라. 각 정점 안에 쓰인 숫자가 준우가 구한 최단 거리이다.

①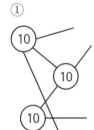

②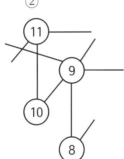

③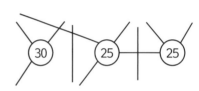

④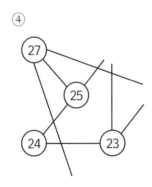

⑤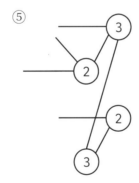

12. 임의의 단순 무향 그래프 $G=(V, E)$의 라인 그래프(line graph) $L(G)=(V, E)$는 아래와 같이 정의된다.

$V'=E$이며, $E'= \{(e, e') \mid e$와 e'는 G에서 공통된 인접 정점을 갖는다.$\}$

아래 그림은 어떤 다섯 개의 그래프 G_1, G_2, G_3, G_4, G_5의 라인 그래프를 나타낸 것이다. 이 중에서 원래 그래프가 한붓그리기가 불가능한 것은 무엇일까?

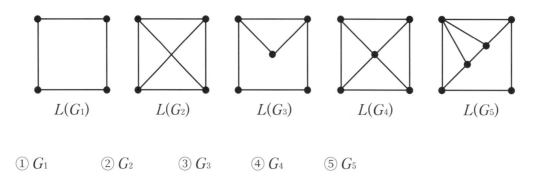

$L(G_1)$ $L(G_2)$ $L(G_3)$ $L(G_4)$ $L(G_5)$

① G_1 ② G_2 ③ G_3 ④ G_4 ⑤ G_5

13. 철수와 영희는 구슬을 가지고 있다. 철수는 작은 구슬과 중간 구슬을 가지고 있고 영희는 큰 구슬을 가지고 있다. 구슬의 가치는 작은 구슬 9개가 큰 구슬 5개와 같으며, 중간 구슬 9개가 큰 구슬 8개와 같다. 철수와 영희는 서로 같은 가치만큼 구슬을 바꾸려고 한다. 구슬을 자를 수는 없으므로 철수는 작은 구슬 몇 개와 중간 구슬을 몇 개를 합쳐서 영희가 가진 큰 구슬 몇 개와 바꾸어야 한다. 당연히 큰 구슬 1개를 바꿀 수 있는 방법은 없다. 하지만 x개 이상의 큰 구슬에 대해서는 항상 바꿀 수 있는 방법이 있다. 이때 x의 최솟값을 구하여라. (철수와 영희는 충분히 많은 수의 구슬을 가지고 있다고 가정하자.)

① 2   ② 3   ③ 4   ④ 27   ⑤ 28

14. 길이가 n인 배열 $A=(A[0], \cdots, A[n-1])$은 다음의 성질 (*)을 만족한다.

(*) 모든 i에 대하여 $A[i]$는 배열 A에 포함된 i의 개수와 같다.

예를 들어, $n=5$일 때, $(2, 1, 2, 0, 0)$은 이러한 성질 (*)을 만족하는 배열이다. 그렇다면 $n=6$인 경우, 성질 (*)을 만족하는 배열은 총 몇 가지 있을까?

① 0 ② 1 ③ 2 ④ 3 ⑤ 4

15. 어떤 함수 $f(n)$는 모든 정수 n에 대하여 $f(n)=f(n-4)+f(n+4)$를 만족한다.

만약 $f(1)=1$, $f(2)=-2$, $f(3)=-3$, $f(4)=-1$, $f(5)=0$이라면, $f(2017)$은 얼마인가?

① 1 ② -1 ③ 0 ④ -2017 ⑤ 2017

2017년도 정보올림피아드 기출문제 채점표

번호	점수	득점 여부
1번	5점	
2번	5점	
3번	5점	
4번	5점	
5번	6점	
6번	6점	
7번	6점	
8번	6점	
9번	7점	
10번	7점	
11번	7점	
12번	8점	
13번	8점	
14번	9점	
15번	10점	
총점	100점	

90점 이상: 정보올림피아드 은상, 금상 수상 점수

80점 이상: 정보올림피아드, 정보영재원 입상 안정권

70점 이상: 정보올림피아드, 정보영재원 입상 커트라인

IT 영재를 위한

이산 수학(중등)

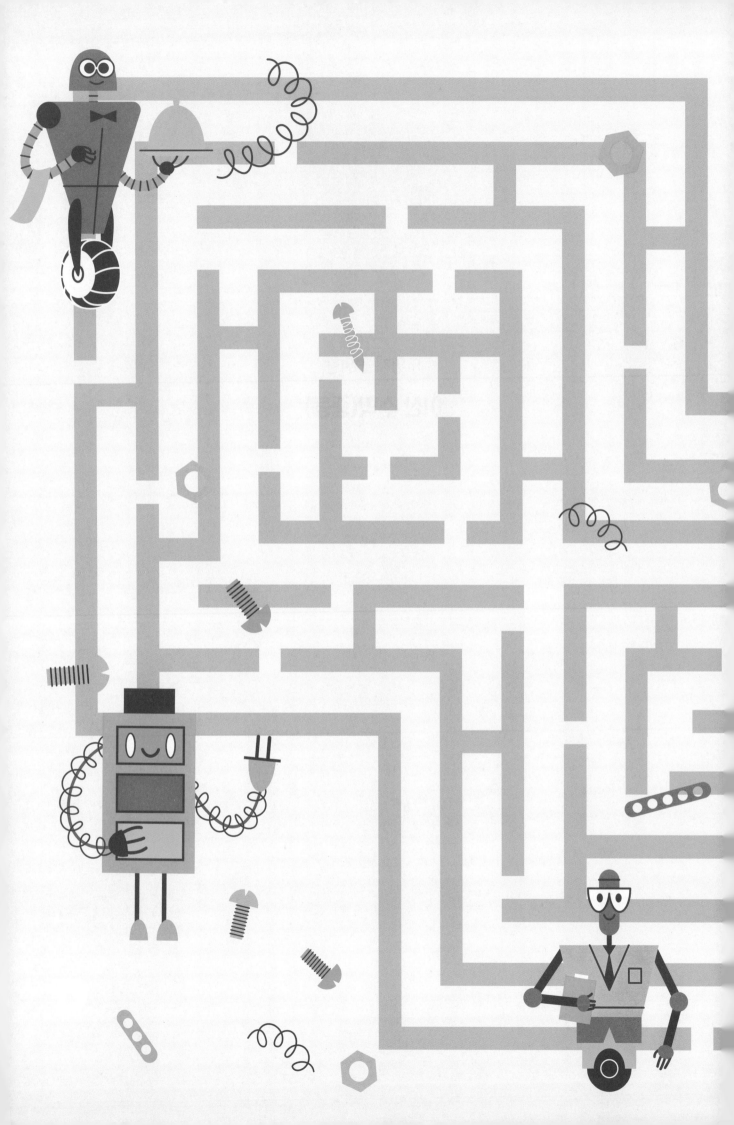

이산수학 모의고사

1. 2022년 정보올림피아드 기출문제를 모의고사로 풀어보기

기출문제는 가장 확실한 수준의 모의고사입니다.
2019~2021 최신기출문제, 2014~2017 기출문제를 다 풀어
본 후 마지막으로 2022년도 기출문제를 모의고사 형태로
풀어서 자신의 실력을 점검해 주세요.

1. 최대 거리 이진 트리 (5점)

4개의 노드 1, 2, 3, 4가 있는 이진 트리가 있다. 이 트리를 전위 순회(preorder)한 결과가 3, 1, 2, 4일 때, 노드 1과 노드 4 사이의 거리의 최댓값은?

두 노드 사이의 거리는 이 둘을 잇는 경로에 포함된 간선(edge)의 개수이다.

① 1   ② 2   ③ 3   ④ 4

2. 달리기 (5점)

A, B, C, D, E 다섯 명이 100m 달리기를 하여 1등부터 5등까지의 순위가 결정되었다. 다음과 같은 조건이 모두 성립할 때, 3등은 누구인가?

- A는 C보다 순위가 낮다.
- E의 순위는 B와 A 사이이다.
- B보다 순위가 낮은 사람은 없다.
- D는 A보다 순위가 높다.

① A   ② B   ③ C   ④ D   ⑤ E

3. 두 트리 연결하기 (6점)

다음 그림의 두 트리에서, 왼쪽 트리의 한 정점과 오른쪽 그림의 한 정점을 길이가 0인 간선으로 연결하려고 한다.

다른 간선들은 모두 길이가 1일 때, A와 B를 잇는 경로의 길이가 5가 되려면 어느 두 노드를 연결해야 하는가?

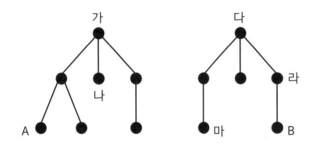

① 가—다   ② 가—라   ③ 가—마   ④ 나—다   ⑤ 나—라

4. 강아지 모으기 (6점)

그림과 같이 여섯 마리의 강아지가 한 섬에 한 마리씩 있다. 그림에서 화살표는 섬과 섬 사이를 오갈 수 있는 뱃길이며 각 숫자는 이동에 필요한 연료의 양을 나타낸다. 배도 여섯 척이 있어 섬마다 한 척씩 대기하고 있다. 모든 배는 한 번에 최대 다섯 마리를 태울 수 있을 만큼 크다.

오랜만에 여섯 마리의 강아지들을 서로 만나게 해주려고 한 섬으로 모으려고 한다. 이때 필요한 연료의 양의 최솟값은?

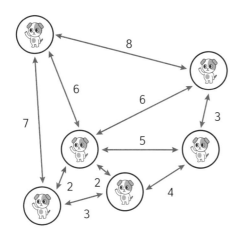

① 17   ② 19   ③ 21   ④ 23   ⑤ 25

5. 두 팀 (8점)

8명을 각 팀당 4인으로 하여 두 팀으로 나누고자 한다. 그런데 이 8명 중 A와 B의 사이가 좋지 않아 이 둘을 서로 다른 팀에 넣고자 한다. 이때 팀을 만드는 서로 다른 경우의 수는 총 몇 가지인가?

① 15   ② 20   ③ 24   ④ 30

6. 정육각형 위의 점 (8점)

한 변의 길이가 3인 정육각형에 7개의 점을 놓으려고 한다. 점은 면적이 없고, 정육각형의 꼭짓점이나 모서리 위에도 점을 놓을 수 있다. 다음 명제가 성립하도록 하는 x의 최솟값은?

- 점을 어떻게 놓더라도, 적어도 한 쌍의 점은 거리가 x 이하이다.

① $\sqrt{3}$ ② 2 ③ $\dfrac{3\sqrt{3}}{2}$ ④ 3

7. 점프 (9점)

어떤 물체가 수직선에서 이동을 한다. 시작 좌표는 0이며, 오른쪽으로 이동하여 좌표 N에 도착하려고 한다. 이동하는 방법은 2가지이다.

- **기본 이동:** 오른쪽으로 1만큼 움직인다.
- **점프:** 오른쪽으로 바로 직전에 움직인 거리의 2배만큼 이동한다.

사용 가능한 이동횟수("기본이동"과 "점프"를 사용하는 총 횟수)가 정해져 있다면, 어떤 좌표에는 도착할 수 없을 수도 있다. 예를 들어, 정확히 4번 이동할 수 있을 때, $N=8$에는 도착 가능하지만 ($1+2+4+1=8$이기 때문), $N=7$에는 어떻게 이동하더라도 도착할 수 없다. 정확히 6번 이동할 수 있을 때 도착할 수 있는 좌표 중 19와 가장 가까운 좌표는?

① 16   ② 17   ③ 18   ④ 19

8. 거스름돈 (9점)

7원, 9원, 11원 세 가지 종류의 동전으로 x원 이상인 정수인 금액은 모두 정확하게 만들 수 있다고 할 때, x의 최솟값은?

9. 막대기 세우기 (10점)

너비가 일정하며, 높이와 색이 서로 다른 막대기를 일렬로 세운다. 일렬로 세워진 막대기들을 왼쪽 먼 지점에서 볼 때, 큰 막대기에 가려 보이지 않는 막대기가 있다. 마찬가지로 세워진 막대기들을 오른쪽 면 지점에서 볼 때, 큰 막대기에 가려 보이지 않는 막대기가 있다.

예를 들어, 오른쪽 그림에서 보인 예에선 6개의 막대기가 세워져 있다. 각 막대기에 적힌 수는 막대기의 높이를 나타낸다. 이 막대기를 왼쪽 먼 지점에서 보면 높이가 각각 1, 5, 6인 세 개의 막대기가 보이고, 오른쪽 먼 지점에서 보면 높이가 4, 6인 두 개의 막대기가 보인다.

여섯 개의 막대기를 일렬로 세운 후, 왼쪽에서 보았을 때 3개의 막대기가 보이고, 오른쪽에서 보았을 때 2개의 막대기가 보이도록 세우는 서로 다른 방법의 수를 구하시오.

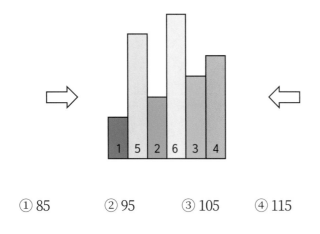

① 85　　　② 95　　　③ 105　　　④ 115

10. 세 수의 곱 (10점)

길이가 12인 수열 $A=[3, 2, 4, -6, 2, 6, 5, -3, -2, 1, -7, 1]$가 있다.

$A[i]$를 수열 A의 I번째 원소라고 하자. 예를 들어 $A[3]=4$, $A[11]=-7$이다.

서로 다른 세 정수 $i, j, k (1 \leq i < j < k \leq 12)$에 대해, $A[i] \times A[j] \times A[k]$의 최댓값은?

11. 2310 (15점)

세 양의 정수 $a, b, c (1 \leq a < b < c)$에 대해서, $a \times b \times c = 2310$을 만족하는 순서쌍 (a, b, c)는 모두 몇 개인가?

12. 아이템 배치 (15점)

아래 그림과 같은 7×8 크기의 격자판이 있다. i행 j열에 있는 칸을 (i, j)라고 표기하자. 예를 들어 "시작" 칸은 $(1, 1)$, "끝" 칸은 $(7, 8)$이다.

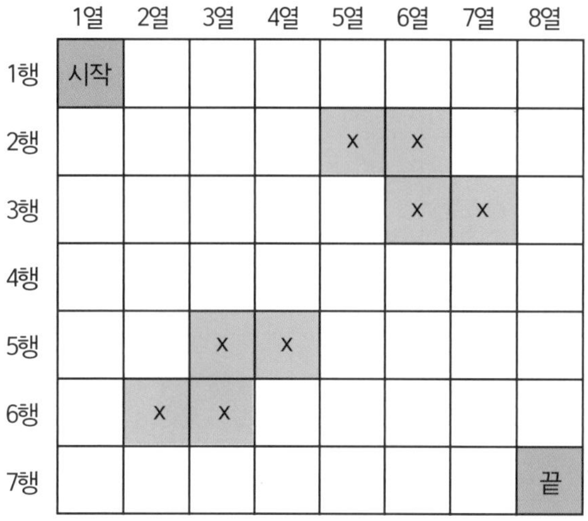

철수는 현재 $(1, 1)$ 칸에 있으며, $(7, 8)$ 칸에 도착하려고 한다. 철수는 아래 세 가지 규칙을 모두 지키면서 이동해야 한다.

- 철수가 현재 (r, c) 칸에 있다면, $(r+1, c)$ 또는 $(r, c+1)$로만 이동할 수 있다.
- 철수는 위의 그림에서 × 표시된 칸 $(2, 5)$, $(2, 6)$, $(3, 6)$, $(3, 7)$, $(5, 3)$, $(5, 4)$, $(6, 2)$, $(6, 3)$으로는 이동할 수 없다.
- 철수는 격자판 바깥으로 이동할 수 없다.

가능한 이동방법 중 하나는 오른쪽 그림과 같다.

격자판에서 "시작", "끝", "×" 칸을 제외한 빈 칸은 총 46개 있다.

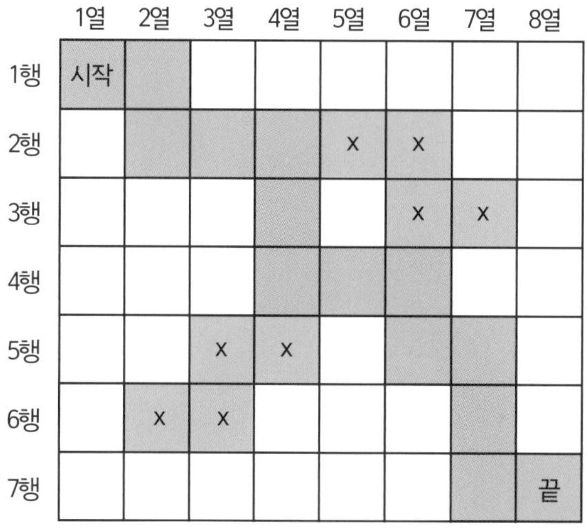

당신은 각각의 빈칸에 아이템을 넣거나, 아이템을 넣지 않을 수 있다. 따라서, 아이템을 배치하는 모든 경우의 수는 2^{46}가지이다.

철수가 이동하다가 아이템이 있는 칸에 도착하면, 해당 칸에 있는 아이템을 수령한다. 당신은 철수가 규칙을 지키면서 이동하면 항상 정확히 한 개의 아이템만 수령하도록 아이템들을 배치하고자 한다.

예를 들어, 아래 그림의 "ITEM" 표시된 칸에 아이템을 배치하면 철수가 어떤 경로로 이동하는지와 관계없이 반드시 한 개의 아이템을 수령한다.

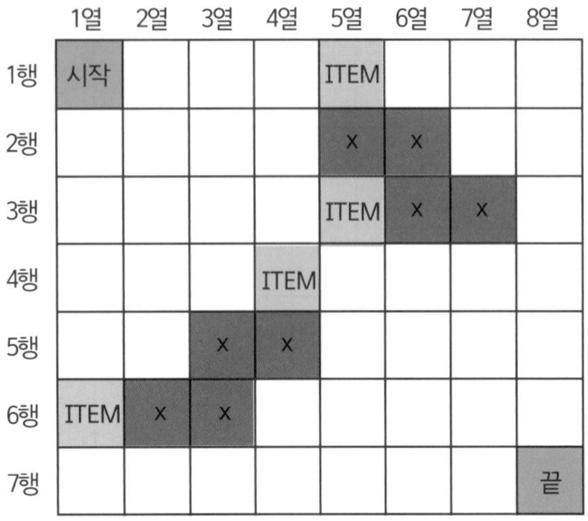

아이템을 배치하는 2^{46}가지의 방법 가운데, 철수가 규칙을 지키면서 어떻게 이동하더라도 정확히 한 개의 아이템을 수령하도록 하는 방법의 수를 구하라.

	1열	2열	3열	4열	5열	6열	7열	8열
1행	시작				ITEM			
2행					x	x		
3행					ITEM	x	x	
4행				ITEM				
5행			x	x				
6행	ITEM	x	x					
7행								끝

모의고사 채점표

번호	문항 제목	점수	득점 여부
1번	최대 거리 이진 트리	5점	
2번	달리기	5점	
3번	두 트리 연결하기	6점	
4번	강아지 모으기	6점	
5번	두 팀	8점	
6번	정육각형 위의 점	8점	
7번	점프	9점	
8번	거스름돈	9점	
9번	막대기 세우기	10점	
10번	세 수의 곱	10점	
11번	2310	15점	
12번	아이템 배치	15점	
총점		100점	

90점 이상: 정보올림피아드 은상, 금상 수상 점수

80점 이상: 정보올림피아드, 정보영재원 입상 안정권

70점 이상: 정보올림피아드, 정보영재원 입상 커트라인

부록

A. 참고 문헌

- 박주미,『컴퓨팅 사고력을 키우는 이산수학』, 한빛아카데미, 2017
- 김대수,『4차 산업혁명 시대의 이산수학』, 김대수, 2021
- 김지현,『중학교 수학에서 이산수학 지도 가능성 탐색들』, 2001
- 이강산,『제7차 개정 교육과정에서의 이산수학 지도방법 연구: 그래프이론의 활용 단원을 중심으로』, 2013
- 이경민,『중등부 영재교육과 이산수학』, 2016
- 전현석 외 12명,『문제해결을 위한 창의적 알고리즘 초급』,정보화진흥원, 2016

※ 본 교재의 이산수학 기출문제 저작권은 '한국정보화진흥원'에 있습니다.

B. 참고 사이트

비쥬얼고우: http://visualgo.net/en

온라인상에서 그래프, 트리, 정렬 등 이산수학 및 알고리즘 내용을 시뮬레이션으로 학습할 수 있는 사이트

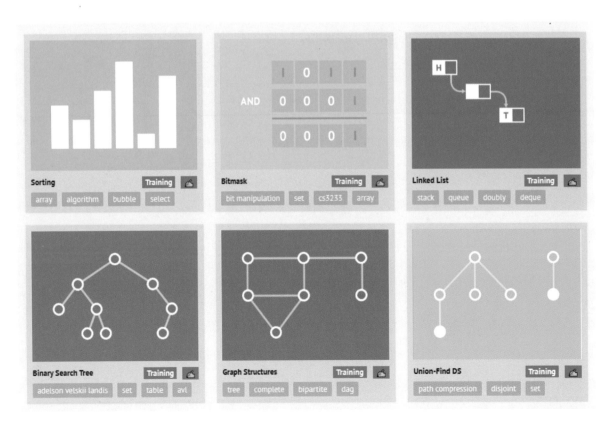

■ **그래프온라인:** http://graphonline.ru/en/

온라인상에서 그래프를 직접 그린 후 시뮬레이션할 수 있는 사이트

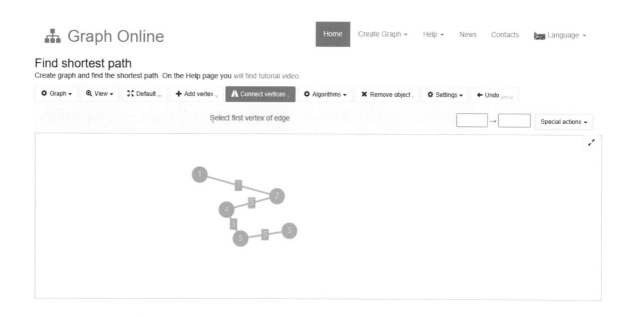

C. 이산수학이 필요한 시험

[1] 한국정보올림피아드 1차 대회 1교시 대비

http://koi.or.kr/

① 한국 정보올림피아드 1차 대회 1교시 유형1 이산수학 문제 대비

② 한국 정보올림피아드 1차 대회 1교시 유형2 비버챌린지 문제 대비

[2] 한국정보올림피아드 알고리즘 문제 대비

http://koi.or.kr/

① 한국 정보올림피아드 1차 대회 2교시 유형3 알고리즘 문제 대비

② 한국 정보올림피아드 2차 대회 알고리즘 문제 대비

정보올림피아드의 알고리즘 문제는 이산수학 기반하에 접근할 때 쉽게 풀 수 있습니다.

[3] 정보(SW)영재원 시험 대비

매년 10월~ 12월 사이에 실시하는 전국 교육청 및 대학 부설 정보영재원, SW 영재원 시험은 70% 이상의 문제가 이산수학 기반으로 실시되고 있습니다.

[4] 비버챌린지 시험 대비

http://www.bebras.kr

요즘 전 세계적으로 유명한 정보과학 대회인 비버챌린지 문항은 80% 이상의 문제가 이산수학 기반하에 시험문제가 출제되고 있습니다.

[5] 텍스트 프로그래밍 기반 알고리즘 대회

국가 및 사설 기관에서 실시하는 대부분의 알고리즘 문제는 이산수학 기반하에 접근할 때 알고리즘 문항을 잘 풀 수 있습니다.

[6] 텍스트 프로그래밍 기반 컴퓨터 자격증

https://www.ybmit.com/cos_pro/cos_pro_info.jsp

① 정보처리기능사

② 리눅스마스터 2급

③ COS Pro

텍스트 프로그래밍 기반하에 취득할 수 있는 정보 분야 자격증은 이산수학의 기초가 잘 되어 있으면 취득하는 데 큰 도움이 됩니다.

잇플의 IT도서들

아두이노 내친구 BY스크래치 1편
기초 [교재+키트]

아두이노에 대한 기본적인 내용도 알아보고, 스크래치로 아두이노와 전자 회로를 작동하는 법을 배웁니다.
정가 : 45,000원

아두이노 내친구 BY스크래치 2편
라인트랙 자동차 만들기[교재+키트]

라인 센서, 모터, 모터 드라이버 모듈 등 다양한 전자부품을 직접 사용하여 코딩하면서 멋진 라인 트랙 자동차를 만들 수 있습니다.
정가 : 54,000원

아두이노 내친구 BY스크래치 3편
자율주행 자동차 만들기[교재+키트]

초음파 센서, 서보모터, 모터, 모터 드라이버 모듈 등 다양한 전자부품을 직접 사용하여 코딩하면서 멋진 자율주행 자동차를 만들 수 있습니다.
정가 : 61,000원

아두이노 내친구 1편
기초 [교재+키트]

C/C++기반 스케치 코딩으로써 아두이노의 기초 센서에 대해 배웁니다.
정가 : 39,000원

아두이노 내친구 2편
라인트랙 자동차 만들기 [교재+키트]

C/C++기반 스케치 코딩으로써 1편에서 배운 내용을 기초로 라인트랙 자동차를 만들 수 있습니다.
정가 : 39,000원

아두이노 내친구 3편
블루투스/자율주행/앱만들기 [교재+키트]

C/C++기반 스케치 코딩으로써 블루투스 자동차, 초음파 자율주행 자동차, 스마트폰앱 만들기를 할 수 있습니다.
정가 : 84,000원

KODU 게임메이커 1편

마이크로소프트사(Microsoft)에서 개발한 프로그래밍 도구로 스크래치나 엔트리와 같이 블록코딩을 이용하는 프로그램입니다.
정가 : 11,800원

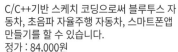

영재교육을 위한 엔트리 교과서 코딩
국어 통합교과 1학년

엔트리로 학교 교과목(국어,통합교과) 코딩을 한 번에 배우기 위해서 만들었습니다.
정가 : 18,000원

영재교육을 위한 엔트리 교과서 코딩
수학 통합교과 1학년

엔트리로 학교 교과목(수학,통합교과) 코딩을 한 번에 배우기 위해서 만들었습니다.
정가 : 18,000원

영재교육을 위한 엔트리 교과서 코딩
Vol.3 수학,통합교과

엔트리로 학교 교과목과 코딩을 한 번에 배우기 위해서 만들었습니다.
정가 : 18,000원

아두이노 메이킹

단순히 센서만을 사용해보는 것이 아닌 결과물을 만들어 낼 수 있도록 구성되어 있습니다. 결과물을 만드는 과정에서 다양한 센서 사용법에 대해 학습할 수 있습니다.
정가 : 16,000원

아두이노 1편 기초
스탠드 만들기

아두이노 기초 센서에 대해 학습하고 최종 프로젝트로 실생활에 사용할 수 있는 스탠드를 제작합니다.
출간예정

잇플의 IT도서들

SW.AI를 위한 마이크로비트 with MakeCode [교재+키트]

마이크로비트를 활용하기 위한 기초적인 내용과 이야기 속 문제를 해결하기 위한 마이크로비트 5개의 프로젝트가 준비되어 있습니다.
정가 : 118,000원

10대를 위한 데이터과학 with 엔트리

엔트리를 이용하여 데이터과학을 체험해보는 실습서입니다. 복잡한 이론에 얽매이지 않고 재미있게 내용을 따라하다보면 생활에서 데이터과학을 사용할 수 있게 하는 책입니다.
정가 : 26,500원

한권으로 코딩과드론 날로먹기 [교재+키트]

블록코딩과 드론을 한 번에 배울 수 있는 최고의 코딩드론 입문서입니다.
정가 : 107,800원

한권으로 파이썬과드론 날로먹기 [인공지능] [교재+키트]

드론 (1~3장), 파이썬 (4~6장), 드론프로그래밍 (7~8장), OpenCV(9장)로 구성되어 있고, 다양한 인공지능 예제를 드론과 함께 실습할 수 있습니다.
정가 : 107,800원

생각대로 파이썬 파이썬
첫걸음 파이썬 성장프로젝트 파이트리 키우기

그림을 통해 파이썬 문법에 대해 알아보고, 왜 필요한지, 어떻게 사용하는지 이해할 수 있습니다. 예제를 통해서 실력을 다진 후 파이썬을 활용할 수 있는 인공지능 예제까지 다루어 볼 수 있습니다.
정가 : 23,000원

파이썬 첫걸음!
슈퍼히어로처럼 파이썬을 배우자

이 책은 파이썬 프로그램을 찾는 청소년들을 위해 만들어진 책입니다. 주피터 노트북을 활용하여 파이썬 기초 문법에 대해 학습하고 Pygame 모듈 사용법에 대해 알아볼 수 있습니다.
정가 : 26,000원

누구나 파이썬
너도 데이터 가지고 놀 수 있어!

데이터를 다루는데 필요한 Pandas 모듈과 시각화하는데 필요한 matplotlib 모듈에 대해 알아보고, 재미있고 다양한 예제를 통해 데이터 분석을 학습할 수 있습니다.
정가 : 18,000원

한권으로 파이썬
데이터 사이언스 입문 AtoZ

이 책은 데이터 분석을 위한 기본서 라고 할 수 있습니다.
정가 : 45,000원

한권으로
개발자가 원하던 파이썬 심화 A to Z

실무에 파이썬 적용을 고민하고 계신 분들께 도움이 될 수 있는 책입니다.
정가 : 32,000원

딥러닝 머신러닝을 위한 파이썬
넘파이

풍부한 예제를 통해 수학의 자신이 없더라도 쉽게 이해 할 수 있습니다. 또한 넘파이를 완전 분석한 책으로써 기초부터 고급기능까지 배울 수 있습니다.
정가 : 35,000원

Fusion360 with 3DPrinter
(기본편)

퓨전360의 메뉴를 익히며 피젯스피너, LED 명패, 만능 연필꽂이 등 다양한 작품을 만들어 볼 수 있습니다.
정가 : 23,600원

Fusion360 with 3DPrinter
(실전편)

3D모델링과 아두이노가 만나서 자동펌핑기, 미니무드등 다양한 작품을 제작해 볼 수 있습니다.
정가 : 17,500원

잇플의 IT도서들

앱인벤터 한권으로 끝내기

앱인벤터의 기초를 학습하고 ChatGPT를 활용한 인공지능 앱을 제작하는 방법에 대해 학습할 수 있습니다.
정가 : 28,500원

소프트웨어 사고력 올림피아드

기출 문제를 분석하여 문제를 출제한 의도를 파악하고, 출제 의도에 맞춰 답안을 어떻게 작성해야 하는지 안내합니다.
정가 : 27,000원

정보(SW,로봇)영재원 대비 문제집 (초등 3~5학년)

1부 영재원 대비법, 2부 영재성검사, 3부 창의적 문제해결검사, 4부 심층 면접, 5부 모의고사 5단계로 구성되어 있습니다.
정가 : 28,000원

정보(SW,로봇)영재원 대비 문제집 (중등 초6~중2)

대학 및 교육청 부설 정보(SW)영재원 및 로봇영재원을 대비하기 위한 표준서 입니다.
정가 : 28,000원

IT영재를 위한 이산수학 (초등)

정보올림피아드 기출문제 중심으로 수험생들의 공부에 최적화된 내용으로 구성했습니다.
정가 : 28,000원

IT영재를 위한 이산수학 (초등)

정보올림피아드 기출문제 중심으로 수험생들의 공부에 최적화된 내용으로 구성했습니다.
정가 : 28,000원

ROS2 혼자 공부하는 로봇 SW

ROS라는 도구의 존재를 알고 공부하려는 분 중에 아직 공부를 시작하지 않았거나, 예제를 돌려봤지만 어떤 것인지 감을 잡지 못한 분들을 대상으로 하고 있습니다.
정가 : 27,300원

개발자를 위한 코틀린 프로그래밍 A to Z

주피터 노트북을 활용하여 코틀린의 기초 문법에 대해 알아보고, 코틀린만의 특징에 대해 학습할 수 있습니다.
정가 : 39,000원

중등
정답과해설

IT영재를 위한

이산
수학

정보올림피아드

정보(SW,로봇)영재원

Discrete
Mathematics

$f(1)=0$
$f(n)=f(n/2)+1$
$f(n)=f(n+1)+1$

A B

EDUCATION GROUP
I'PLE 잇플

중등
정답과해설

IT영재를 위한
이산
수학

정보올림피아드
정보(SW,로봇)영재원

Discrete
Mathematics

목차

PART II 이산수학 이론 요점정리 기초문제 풀이 _ 5

PART

II

이산 수학 이론 요점 정리

기초 문제 풀이

 **기초 문제 1**

정답 해설 참조

해설

π는 무리수입니다.

π=3.141592…로 분수로 표현할 수 없는 무한소수입니다.

다시 말해, π는 순환하지 않는 무한소수이므로 무리수입니다.

기초 문제 2

정답 1. $10001_{(2)}$ 2. $10_{(2)}$ 3. $243_{(8)}$ 4. $672_{(8)}$

해설

1. 세로로 이진수 덧셈을 할 때 1+1=2로서 2를 이진수로 표현하면 10입니다. 1을 자리올림해줍니다.

$$
\begin{array}{cccc}
  & 1 & 0 & 1 & 0 \\
+ &   & 1 & 1 & 1 \\
\hline
  &   &   &   & \boxed{1} \\
\end{array}
$$

$$
\begin{array}{ccccc}
  &   & \boxed{1} &   &   \\
  & 1 & 0 & 1 & 0 \\
+ &   & 1 & 1 & 1 \\
\hline
  &   &   & \boxed{0} & 1 \\
\end{array}
$$

$$
\begin{array}{ccccc}
  & \boxed{1} & 1 &   &   \\
  & 1 & 0 & 1 & 0 \\
+ &   & 1 & 1 & 1 \\
\hline
  &   & \boxed{0} & 0 & 1 \\
\end{array}
$$

$$
\begin{array}{ccccc}
  & 1 & 1 &   &   \\
  & 1 & 0 & 1 & 0 \\
+ &   & 1 & 1 & 1 \\
\hline
\boxed{1} & \boxed{0} & 0 & 0 & 1 \\
\end{array}
$$

$1010_2 + 111_2 = 10001_2$

2. 이진수의 뺄셈에서는 0에서 1을 뺄 수 없습니다. 이때는 앞자리에서 1을 가져오면 이진수 10=2가 되고 2−1=1이 됩니다.

$$
\begin{array}{ccc}
1 & 0 & 1 \\
- & 1 & 1 \\
\hline
& & \boxed{0} \\
\end{array}
$$

$$
\begin{array}{ccc}
\boxed{0} & \boxed{10} & \\
\cancel{1} & \cancel{0} & 1 \\
- & 1 & 1 \\
\hline
& & 0 \\
\end{array}
$$

$$
\begin{array}{ccc}
0 & 10 & \\
\cancel{1} & \cancel{0} & 1 \\
- & 1 & 1 \\
\hline
& \boxed{1} & 0 \\
\end{array}
$$

$$
\begin{array}{ccc}
0 & 10 & \\
\cancel{1} & \cancel{0} & 1 \\
- & 1 & 1 \\
\hline
\boxed{0} & 1 & 0 \\
\end{array}
$$

$101_2 - 11_2 = 10_2$

3. 8진수의 덧셈에서 6+5=11은 8+3이므로 8은 자리올림할 때 1이 되고 나머지는 3이 됩니다.

$$
\begin{array}{cccc}
& \boxed{1} & & \\
& 1 & 4 & 6 \\
+ & & 7 & 5 \\
\hline
& & & \boxed{3} \\
\end{array}
$$

$$
\begin{array}{cccc}
& \boxed{1} & 1 & \\
& 1 & 4 & 6 \\
+ & & 7 & 5 \\
\hline
& & \boxed{4} & 3 \\
\end{array}
$$

$$
\begin{array}{cccc}
& 1 & 1 & \\
& 1 & 4 & 6 \\
+ & & 7 & 5 \\
\hline
& \boxed{2} & 4 & 3 \\
\end{array}
$$

$146_8 + 75_8 = 243_8$

4. 16진수의 덧셈에서 3+F＝3+15＝18＝16+2가 됩니다. 16은 자리올림으로 1이 되고 나머지는 2가 됩니다. 1+A+C＝1+10+12＝23＝16+7로 자리올림 1과 나머지 7이 됩니다.

$$
\begin{array}{ccc}
 & & \boxed{1} \\
5 & A & 3 \\
+ \quad & C & F \\
\hline
 & & \boxed{2}
\end{array}
$$

$$
\begin{array}{ccc}
 & 1 & \\
5 & A & 3 \\
+ \quad & C & F \\
\hline
 & & 2
\end{array}
$$

$$
\begin{array}{ccc}
1 & 1 & \\
5 & A & 3 \\
+ \quad & C & F \\
\hline
 & \boxed{7} & 2
\end{array}
$$

$$
\begin{array}{ccc}
1 & 1 & \\
5 & A & 3 \\
+ \quad & C & F \\
\hline
\boxed{6} & 7 & 2
\end{array}
$$

$5A3_{16}+CF_{16}=672_{16}$

기초 문제 3

정답 1. $110001_{(2)}$ 2. $762_{(8)}$ 3. $174_{(16)}$ 4. 27, 60, 684

해설

1. 10진수 49를 2진수로 바꾸는 과정은 다음과 같습니다.(소인수분해를 진행합니다. 몫은 아래에 나머지는 오른쪽으로 기록합니다. 마지막 몫의 값이 1이면, 오른쪽 그림의 화살표 순서로 이진수 값을 적어줍니다.)

$$
\begin{array}{c|cc}
2 & 49 & \\
2 & 24 & 1 \\
2 & 12 & 0 \\
2 & 6 & 0 \\
2 & 3 & 0 \\
\hline
 & 1 & 1
\end{array}
$$

$49=110001_{(2)}$

2. 10진수 498을 8진수로 바꾸는 과정은 다음과 같습니다.

```
8 │ 498
8 │  62   2
        7   6
```

$498 = 762_{(8)}$

3. 10진수 372를 16진수로 바꾸는 과정은 다음과 같습니다.

```
16 │ 372
16 │  23   4
         1   7
```

$372 = 174_{(16)}$

4. ▪ 2진수 11011 = 27

2진수	자릿수	→	10진수	값
1	2^4	→	1×16	16
1	2^3	→	1×8	8
0	2^2	→	0×4	0
1	2^1	→	1×2	2
1	2^0	→	1×1	1
				27

▪ 8진수 74 = 60

8진수	자릿수	→	10진수	값
7	8^1	→	7×8	56
4	8^0	→	4×1	4
				60

■ 16진수 2AC = 684

16진수	자릿수	→	10진수	값
2	16^2	→	2×16^2	512
10	16^2	→	10×16	160
12	16^0	→	12×1	12
				684

기초 문제 4

정답 1. 2^{35} 2. $\dfrac{1}{8}$

해설

1. $\left(2^3 \times 2^4\right)^5 = 2^{35}$

거듭제곱 연산 방법에 따라 계산하면 다음과 같습니다.

$\left(2^3 \times 2^4\right)^5 = \left(2^{3+4}\right)^5 = \left(2^7\right)^5 = 2^{7 \times 5} = 2^{35}$

2. $\dfrac{2^2}{2^5} = \dfrac{1}{2^3} = \dfrac{1}{8}$

거듭제곱 연산 방법에 따라 계산하면 다음과 같습니다.

$\dfrac{2^2}{2^5} = \dfrac{1}{2^{5-2}} = \dfrac{1}{2^3} = \dfrac{1}{8}$

기초 문제 5

정답 1. 2^{16} 2. 1011 1000 0110 0001$_{(2)}$

해설

1. 정보의 최소단위인 1bit는 '0과 1', 2^1가지를 나타낼 수 있습니다.

$n$bit는 이진수가 n개 연속으로 나열된 것이므로, 총 2^n까지 나타낼 수 있습니다.

따라서, 16bit는 총 2^{16}개까지 나타낼 수 있습니다.

2. 16bit의 이진수를 표현하려면 0과 1로 이루어진 16자리 숫자가 필요합니다.

1011 1000 0110 0001$_{(2)}$

기초 문제 6

정답 $1\text{byte} \to (2^8)^1 = 2^8$
$2\text{byte} \to (2^8)^2 = 2^{16}$
$4\text{byte} \to (2^8)^4 = 2^{32}$
$8\text{byte} \to (2^8)^8 = 2^{64}$

해설

- char은 정수형 자료형으로 할당된 메모리 크기는 1byte입니다.
  따라서, 메모리 크기는 $1\text{byte} \to (2^8)^1 = 2^8$입니다.

- short는 정수형 자료형으로 할당된 메모리 크기는 2byte입니다.
  따라서, 메모리 크기는 $2\text{byte} \to (2^8)^2 = 2^{16}$입니다.

- int와 long은 정수형 자료형, float은 실수형 자료형으로 할당된 메모리 크기는 모두 4byte입니다.
  따라서, 메모리 크기는 $4\text{byte} \to (2^8)^4 = 2^{32}$입니다.

- double은 실수형 자료형으로 할당된 메모리 크기는 8byte입니다.
  따라서, 메모리 크기는 $8\text{byte} \to (2^8)^8 = 2^{64}$입니다.

기초 문제 7

정답 $2^3 \times 253$

해설

2024를 소인수분해하는 과정은 다음과 같습니다.

$$2024 = 2 \times 1012$$
$$= 2 \times 2 \times 506$$
$$= 2 \times 2 \times 2 \times 253$$
$$= 2^3 \times 253$$

253은 소수이므로 더 이상 소인수분해를 할 수 없습니다.
따라서, 2024를 소인수분해한 결과는 $2^3 \times 253$입니다.

![기초 문제 8]

정답 최대공약수:12, 최소공배수: 72

해설

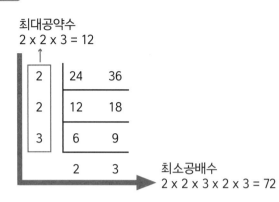

최대공약수
$2 \times 2 \times 3 = 12$

2	24	36
2	12	18
3	6	9
	2	3

최소공배수
$2 \times 2 \times 3 \times 2 \times 3 = 72$

![기초 문제 9]

정답

x	-3	-2	-1	0	1	2	3
y	-5	-2	1	4	7	10	13

해설

1. $x=-3$
   $y=3\times(-3)+4=-5$

2. $x=-2$
   $y=3\times(-2)+4=-2$

3. $x=-1$
   $y=3\times(-1)+4=-3+4=1$

4. $x=0$
   $y=3\times0+4=4$

5. $x=1$
   $y=3\times1+4=7$

6. $x=2$
   $y=3\times2+4=10$

7. $x=3$
   $y=3\times3+4=13$

![기초 문제 10]

정답 7

해설

$f(x)=2(x-2)+3$

$f(4)$의 값은 $x=4$를 함수 $f(x)$에 대입하면 됩니다.

$$f(4)=2\times(4-2)+3=4+3=7$$

따라서, $f(4)=7$입니다.

정답 24

해설

$$f(x, y)=2x+3y+1$$
$$f(4, 5)=2\times4+3\times5+1=8+15+1=24$$

따라서 $f(4, 5)=24$입니다.

정답 14

해설

$$f(x)=x+4, g(x)=2x+6$$
$$g(2)=2\times2+6=10$$
$$f(g(2))=f(10)=10+4=14$$

따라서 $f(g(2))=14$입니다.

정답 $\dfrac{37}{64}a^2$

해설

면적이 가장 큰 사각형부터 차례대로 A_1, A_2, A_3라고 합시다. A_1의 넓이는 다음과 같습니다.

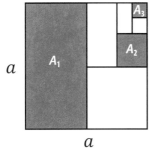

$$A_1 = a\times\frac{1}{2}a = \frac{1}{2}a^2$$
$$A_2 = \frac{1}{4}a\times\frac{1}{4}a = \frac{1}{16}a^2$$
$$A_3 = \frac{1}{8}a\times\frac{1}{8}a = \frac{1}{64}a^2$$

색칠한 부분의 면적은 $A_1 + A_2 + A_3$이므로 위의 값을 대입하면 다음과 같습니다.

$$\begin{aligned} A_1 + A_2 + A_3 &= \frac{1}{2}a^2 + \frac{1}{16}a^2 + \frac{1}{64}a^2 \\ &= \frac{32}{64}a^2 + \frac{4}{64}a^2 + \frac{1}{64}a^2 \\ &= \frac{37}{64}a^2 \end{aligned}$$

따라서, 색칠한 부분의 넓이는 $\frac{37}{64}a^2$입니다.

기초 문제 14

정답 20

해설

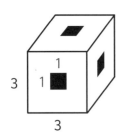

전체 정육면체의 부피에서 구멍의 부피만큼 빼면 됩니다.
전체 정육면체의 부피는 3^3입니다.
구멍의 부피는 가로, 세로, 높이가 모두 1인 정육면체 7개와 같습니다.
즉, 구멍의 부피는 $1^3 \times 7 = 7$입니다.

따라서, 구멍이 뚫린 정육면체의 부피는 $3^3 - (1^3 \times 7) = 27 - 7 = 20$입니다.

기초 문제 15

정답

	정사면체	정육면체	정팔면체	정십이면체	정이십면체
면의 모양	정삼각형	정사각형	정삼각형	정오각형	정삼각형
한 꼭짓점에 모이는 면의 개수	3	3	4	3	5
면의 개수	4	6	8	12	20
모서리의 개수	6	12	12	30	30
꼭짓점의 개수	4	8	6	20	12

해설

정다면체의 면, 모서리, 꼭짓점의 개수를 관찰한 후 개수를 세어봅니다.

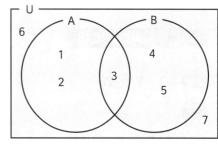

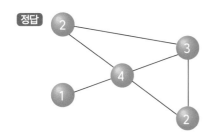

기초 문제 13

정답   1. {3}   2. {1, 2, 3, 4, 5}   3. {1, 2}   4. {4, 5}   5. {4, 5, 6, 7}
       6. {1, 2, 6, 7}   7. 5개

해설

1. $A \cap B = \{3\}$

   $A \cap B$는 A와 B의 교집합으로, A와 B의 공통원소 $\{3\}$입니다.

2. $A \cup B = \{1, 2, 3, 4, 5\}$

   $A \cup B$는 A와 B의 합집합으로, A와 B의 모든 원소 $\{1, 2, 3, 4, 5\}$입니다.

3. $A - B = \{1, 2\}$

   $A - B$는 A와 B의 차집합으로, A의 원소 중 B의 원소를 제외한 나머지 원소 $\{1, 2\}$입니다.

4. $B - A = \{4, 5\}$

   $B - A$는 B와 A의 차집합으로, B의 원소 중 A의 원소를 제외한 나머지 원소 $\{4, 5\}$입니다.

5. $A^c = \{4, 5, 6, 7\}$

   A^c는 A의 여집합으로, 전체 집합 U 중 A의 원소를 제외한 나머지 원소 $\{4, 5, 6, 7\}$입니다.

6. $B^c = \{1, 2, 6, 7\}$

   B^c는 B의 여집합으로, 전체 집합 U 중 B의 원소를 제외한 나머지 원소 $\{1, 2, 6, 7\}$입니다.

7. $n(A \cup B) = 5$

   $n(A \cup B)$는 $A \cup B$의 원소의 개수이므로 총 5개입니다.

기초 문제 17

정답

그래프에서 차수란 한 정점에서 연결된 간선의 수입니다.

 **기초 문제 18**

정답 V1 - V4 - V6

해설

V1에서 V6로 가는 경로는 다음과 같습니다.

　　V1 - V2 - V3 - V6

　　V1 - V4 - V6

　　V1 - V5 - V6

또 다른 경로가 여러 가지 있을 수 있습니다.

각각의 경로의 거리를 계산하면 다음과 같습니다.

1. V1 - V2 - V3 - V6: 5+6+5=16

2. V1 - V4 - V6: 8+6=14

3. V1 - V5 - V6: 9+7=16

따라서, 최단 경로는 거리가 14인 V1 - V4 - V6입니다.

기초 문제 19

정답 ④

해설

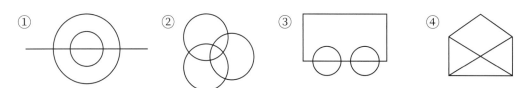

한붓그리기가 가능하려면 그래프의 꼭짓점이 모두 짝수 점이거나 홀수 점이 2개가 있을 때입니다. ④는 홀수 점이 4개여서 한붓그리기가 불가능하므로 답은 ④입니다.

기초 문제 20

정답

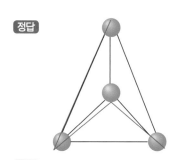

해설

해밀턴 경로는 모든 꼭짓점을 한 번씩 지나는 경로를 말합니다. 그래프는 위 그림과 같은 해밀턴 경로를 가집니다. (해밀턴 경로는 출발했던 자리로 다시 돌아올 필요는 없습니다.)

기초 문제 21

정답 1. (1) 해설 참조, (2) 4가지 색   2. 180가지

해설

1. (1) 인접한 시도가 같은 색이 되지 않게 색칠을 하면 오른쪽 그림과 같습니다.

   (2) 인접한 시도가 같은 색이 되지 않게 칠하려면 빨간색, 파란색, 녹색, 보라색 4가지 색이면 됩니다.

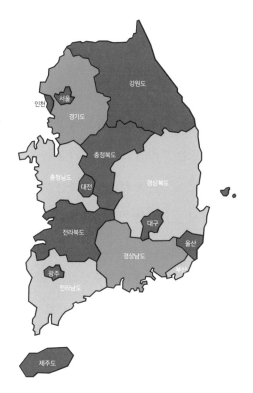

2. 색칠하는 방법의 가짓수는 다음과 같이 구할 수 있습니다.

   ㄱ에 칠할 수 있는 색은 5가지 → ㄱ에 칠한 1가지를 제외하고 ㄴ에 칠할 수 있는 색은 4가지 → ㄷ에 칠할 수 있는 색은 ㄱ과 ㄴ을 제외한 3가지 → ㄹ에 칠할 수 있는 색은 ㄴ과 ㄷ를 제외한 3가지.

   따라서 전체 경우의 수는 5 × 4 × 3 × 3 = 180입니다.

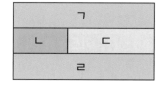

기초 문제 22

정답 24가지

해설

총 5가지 색을 이용하여 4개의 동그라미를 색칠하는 문제입니다.

a부터 순서대로 칠해봅시다.

> a에 칠할 수 있는 색상의 수는 총 5가지입니다.
>
> b에 칠할 수 있는 색상의 수는 a에 칠한 색상을 제외한 4가지입니다.
>
> c에 칠할 수 있는 색상의 수는 a, b에 칠한 색상을 제외한 3가지입니다.
>
> d에 칠할 수 있는 색상의 수는 c에 칠한 색상을 제외한 4가지입니다.

따라서, 전체 동그라미를 칠하는 방법은 $5 \times 4 \times 3 \times 4 = 240$입니다.

기초 문제 23

정답 1. 13   2. A   3. B   4. K, L   5. I, J   6. 4   7. 4

해설

1. 노드는 트리를 구성하는 꼭짓점을 말하며 A~M이 꼭짓점으로 노드의 개수는 13개입니다.

2. 루트는 트리인 그래프의 가장 높은 곳에 있는 시작 노드이므로, 이 트리의 루트 노드는 A입니다.

3. 부모 노드는 트리를 구성하는 노드의 한 단계 바로 위에 있는 노드이므로, E의 부모 노드는 B입니다.

4. 자식 노드는 트리를 구성하는 노드의 한 단계 바로 아래에 있는 노드이므로, E의 자식 노드는 K, L 입니다.

5. 형제 노드는 트리를 구성하는 노드에서 부모가 같은 노드이므로, H의 형제 노드는 I, J입니다.

6. 레벨은 루트 노드를 레벨 0으로 시작하여 자식 노드로 한 단계씩 내려갈 때마다 하나씩 증가하는 단계를 말하므로, 이 트리의 레벨은 4입니다.

7. 높이는 트리의 최대 레벨을 말하므로, 이 트리의 높이는 4입니다.

기초 문제 24

정답 1. 레벨 5   2. 레벨 4

해설

이진 트리에서 두 갈래씩 뻗어 나갈 때 Z가 위치한 곳의 레벨을 다음과 같은 트리의 특성에서 구합니다.

1. 루트로부터 2갈래씩 뻗어 나갈 때 Z가 위치한 곳의 레벨은 5입니다.

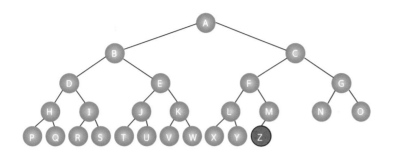

2. 루트로부터 3갈래씩 뻗어 나갈 때 Z의 레벨은 4입니다.

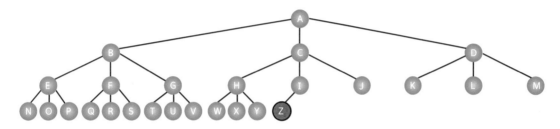

기초 문제 25

정답 28

해설

이진 트리에서 모든 경로를 탐색하려면 백트래킹을 횟수에 포함해야 합니다. 정해진 깊이에 도달하면 가장 최근 노드의 부모 노드로 되돌아와서 다시 탐색을 수행하는데, 부모 노드로 되돌아오는 과정을 백트래킹이라고 합니다.

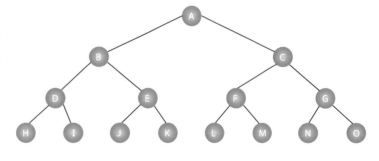

레벨 2인 트리를 탐색하는데 필요한 길이는 왼쪽만을 생각한다면

    1. 부모 노드 → 자식 노드: 1회

    2. 자식 노드 → 부모 노드: 1회(백트래킹)

따라서 (1+1) 만큼의 길이가 필요합니다.

또한 트리는 왼쪽과 오른쪽에 자식 노드를 가지고 있으므로 이 길이에 2를 곱한, $(1+1) \times 2 = 2 \times 2 = 4$ 만큼의 길이가 필요합니다.

레벨 3인 트리는 루트를 중심으로 왼쪽과 오른쪽에 레벨이 2인 트리가 자식 노드로 존재합니다. 레벨이 3인 트리를 탐색하는데 필요한 길이는 왼쪽만을 생각한다면

    1. 루트 → 레벨2 트리의 루트: 1회

    2. 레벨2 트리를 탐색: $(1+1) \times 2 = 2 \times 2 = 4$회

    3. 레벨2 트리의 루트 → 루트: 1회(백트래킹)

따라서 6 만큼의 길이가 필요합니다.

위와 마찬가지로 왼쪽과 오른쪽에 동일한 모양의 자식 트리를 가지고 있으므로 이 길이에 2를 곱한, $6 \times 2 = 12$ 만큼의 길이가 필요합니다.

동일한 방법으로, 레벨 4인 트리의 왼쪽만을 생각해보면

    1. 루트 → 레벨3 트리의 루트: 1회

    2. 레벨3 트리를 탐색: 12회

    3. 레벨3 트리의 루트 → 루트: 1회(백트래킹)

따라서 왼쪽과 오른쪽을 모두 고려하면 $14 \times 2 = 28$ 만큼의 길이가 필요합니다.

우리는 여기서 트리의 레벨 x와 탐색 횟수 y 사이에 $y = 2^2 + 2^3 + \cdots + 2^x$의 관계가 있음을 알 수 있습니다.

 **기초 문제 26**

정답 89

해설

피보나치 수열은 앞의 두 개의 항의 합이 그다음 항의 값이 됩니다. 이를 이용하여, 첫 두 수가 1, 2로 시작하는 피보나치 수열을 구하면 다음과 같습니다.

    1+2=3, 2+3=5, 3+5=8, 5+8=13, 8+13=21, 13+21=34, 21+34=55, 34+55=89

따라서, 10번째 수는 89입니다.

 **기초 문제 27**

정답 12

해설

CPU와 그래픽 카드를 모두 구매한다는 공통점이 있으므로, 곱의 법칙을 활용하여 계산합니다.

    $3 \times 4 = 12$

기초 문제 28

정답 12, 13, 21, 23, 31, 32

해설

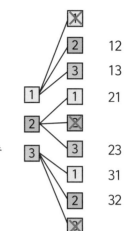

수형도를 이용해 풀어 보면 오른쪽 그림과 같습니다.

서로 다른 숫자를 선택해야 하므로 수형도에서 × 표시한 카드를 지운 후 만들 수 있는 두 자리 수는 12, 13, 21, 23, 31, 32입니다.

《공식을 이용한 풀이》순열

$$_3P_2 = \frac{3!}{(3-2)!} = \frac{3 \times 2 \times 1}{1!} = 6$$

기초 문제 29

정답 64

해설

문제를 수형도로 나타내면 아래와 같습니다. 숫자의 중복을 허용하므로 만들 수 있는 수의 개수는 64개입니다.

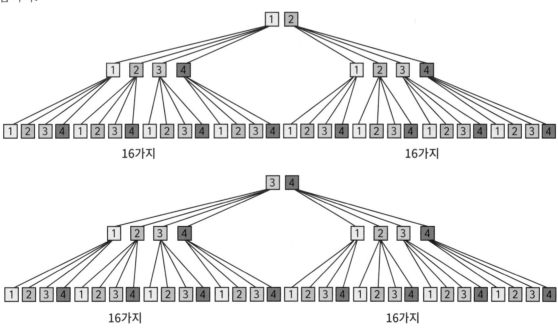

《공식을 이용한 풀이》중복 순열

$$_4\prod_3 = 4^3 = 64$$

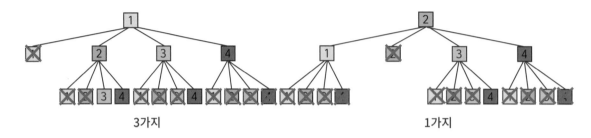

기초 문제 30

정답 4

해설

문제를 수형도로 나타내면 아래와 같습니다. 순서를 생각하지 않고 중복을 허용하지 않으므로, 수형도에서 × 표시한 카드를 지운 후 만들 수 있는 세 자리 수는 4가지입니다.

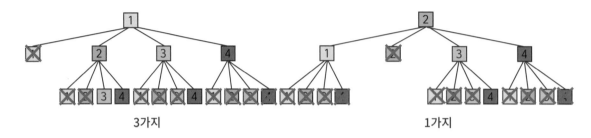

《공식을 이용한 풀이》 조합

$$_4C_3 = \frac{_4P_3}{3!} = \frac{4 \times 3 \times 2}{3 \times 2 \times 1} = 4$$

기초 문제 31

정답 35

해설

첫 번째 자리에 1이 나오는 경우를 수형도로 나타내면 다음과 같습니다.

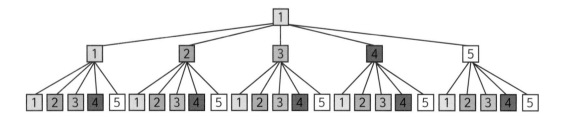

순서를 바꾸어서 같은 수가 나오는 경우를 제외하면, 5+4+3+2+1=15개가 나옵니다.

첫 번째 자리가 2와 3일 때도 동일하게 따져봅니다.

《공식을 이용한 풀이》 중복 조합

$$_5H_3 = {}_{5+3-1}C_3 = {}_7C_3 = \frac{{}_7P_3}{3!} = \frac{7 \times 6 \times 5}{3 \times 2 \times 1} = 35$$

기초 문제 32

정답 1. 해설 참조 2. 해설 참조 3. 해설 참조 4. 해설 참조

해설

행렬의 원리를 이용해 문제를 풀면 다음과 같습니다.

1. $$\begin{pmatrix} 3 & 1 & 2 \\ 4 & 5 & 1 \\ 2 & 7 & 3 \end{pmatrix} + \begin{pmatrix} 2 & 1 & 4 \\ 3 & 3 & 0 \\ 2 & 1 & 6 \end{pmatrix} = \begin{pmatrix} 5 & 2 & 6 \\ 7 & 8 & 1 \\ 4 & 8 & 9 \end{pmatrix}$$

2. $$\begin{pmatrix} 3 & 1 & 2 \\ 4 & 5 & 1 \\ 2 & 7 & 3 \end{pmatrix} - \begin{pmatrix} 2 & 1 & 4 \\ 3 & 3 & 0 \\ 2 & 1 & 6 \end{pmatrix} = \begin{pmatrix} 1 & 0 & -2 \\ 1 & 2 & 1 \\ 0 & 6 & -3 \end{pmatrix}$$

3. $A = \begin{pmatrix} a_{11} & a_{12} \\ a_{21} & a_{22} \end{pmatrix}$, $B = \begin{pmatrix} b_{11} & b_{12} \\ b_{21} & b_{22} \end{pmatrix}$ 라고 하자.

$$A + B = \begin{pmatrix} a_{11} & a_{12} \\ a_{21} & a_{22} \end{pmatrix} + \begin{pmatrix} b_{11} & b_{12} \\ b_{21} & b_{22} \end{pmatrix} = \begin{pmatrix} a_{11} + b_{11} & a_{12} + b_{12} \\ a_{21} + b_{21} & a_{22} + b_{22} \end{pmatrix}$$

$$B + A = \begin{pmatrix} b_{11} & b_{12} \\ b_{21} & b_{22} \end{pmatrix} + \begin{pmatrix} a_{11} & a_{12} \\ a_{21} & a_{22} \end{pmatrix} = \begin{pmatrix} b_{11} + a_{11} & b_{12} + a_{12} \\ b_{21} + a_{21} & b_{22} + a_{22} \end{pmatrix}$$

$$A + B = B + A = \begin{pmatrix} a_{11} + b_{11} & a_{12} + b_{12} \\ a_{21} + b_{21} & a_{22} + b_{22} \end{pmatrix}$$ 입니다.

따라서, 행렬의 덧셈에 대한 교환 법칙이 성립합니다.

4. $A = \begin{pmatrix} a_{11} & a_{12} \\ a_{21} & a_{22} \end{pmatrix}$ 라고 하자.

$$A + O = \begin{pmatrix} a_{11} & a_{12} \\ a_{21} & a_{22} \end{pmatrix} + \begin{pmatrix} 0 & 0 \\ 0 & 0 \end{pmatrix} = \begin{pmatrix} a_{11} & a_{12} \\ a_{21} & a_{22} \end{pmatrix}$$

$$O + A = \begin{pmatrix} 0 & 0 \\ 0 & 0 \end{pmatrix} + \begin{pmatrix} a_{11} & a_{12} \\ a_{21} & a_{22} \end{pmatrix} = \begin{pmatrix} a_{11} & a_{12} \\ a_{21} & a_{22} \end{pmatrix}$$

$$A + O = O + A = \begin{pmatrix} a_{11} & a_{12} \\ a_{21} & a_{22} \end{pmatrix}$$ 입니다.

따라서, $A + O = O + A$의 연산이 성립합니다.

기초 문제 33

정답   1.   B: G={V, E}, V={1, 2, 3, 4}, E={(1, 2), (2, 3), (3, 4), (1, 4)}
         C: G={V, E}, V={1, 2, 3, 4}, E={(1, 2), (1, 3), (1, 4), (2, 3), (2, 4), (3, 4)}
   2. B와 C는 대칭이다.

해설

1. 그래프(G), 정점(V), 간선(G)에 대해 각각 원소나열법으로 표시합니다. 그래프는 정점과 간선으로 이루어진 집합이고, 정점은 노드들로 이루어진 집합입니다. 간선은 한 노드와 다른 노드를 연결한 선을 순서쌍으로 나타내고, 이러한 순서쌍들로 이루어진 집합입니다.

2. 그래프가 대칭이 되는 조건은 주 대각선에 대칭인 두 원소가 같아야 한다는 것입니다. 즉 그래프의 원소 $a_{ij} = a_{ji}$가 성립합니다. 따라서, B와 C는 대칭인 그래프입니다.

기초 문제 34

정답   1. log6   2. $\log\dfrac{2}{3}$ 3. 2   4. 1   5. 0

해설

로그의 원리를 이용해 문제를 풀면 다음과 같습니다.

1. $\log 2 + \log 3 = \log(2 \times 3) = \log 6$

2. $\log 2 - \log 3 = \log\dfrac{2}{3}$

3. $\log_2 2^2 + 2\log_2 2 = 2$

4. $\log_{10} 10 = 1$

5. $\log_{10} 1 = 0$

기초 문제 35

정답 $O(\log_2 n) < O(n) < O(n\log_2 n) < O(n^3)$

해설

n의 값에 따른 시간복잡도의 크기는 다음과 같이 계산할 수 있습니다.

n의 값이 4라면, $\log_2 n = \log_2 4 = 2$

$n = 4$

$n\log_2 n = 4\log_2 4 = 4\log_2 2^2 = 8$

$n^3 = 4^3 = 64$

기초 문제 36

정답 1. $\dfrac{2}{9}$ 2. $\dfrac{11}{12}$

해설

1. 합이 4인 경우의 수: $(1, 3), (2, 2), (3, 1)$

    합이 6인 경우의 수: $(1, 5), (2, 4), (3, 3), (4, 2), (5, 1)$

    합이 4 또는 6이 될 확률은 다음과 같습니다.

    (합이 4일 확률)+(합이 6일 확률)

    $= \dfrac{3}{6 \times 6} + \dfrac{5}{6 \times 6} = \dfrac{8}{36} = \dfrac{2}{9}$

    따라서, $\dfrac{2}{9}$ 입니다.

2. 전체 확률 1에서 2개의 주사위의 합이 4 미만인 확률을 빼면 됩니다.

    주사위의 합이 4 미만인 경우는 합이 2와 3일 때입니다.

    합이 2인 경우의 수: $(1, 1)$

    합이 3인 경우의 수: $(1, 2), (2, 1)$

    따라서, 합이 4 이상이 될 확률은 다음과 같습니다.

    $1-$(합이 4 미만일 확률)

    $= 1 - \left(\dfrac{1}{36} + \dfrac{2}{36}\right) = 1 - \dfrac{3}{36} = \dfrac{33}{36} = \dfrac{11}{12}$

    따라서, $\dfrac{11}{12}$ 입니다.

기초 문제 37

정답 1. 15회   2. 4회

해설

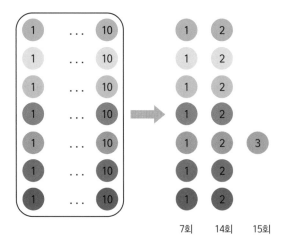

1. 오른쪽 그림과 같이 70개의 구슬이 주머니에 있습니다. 구슬을 7회 뽑는다면 적어도 모든 색깔의 구슬을 뽑을 수 있고, 14회 뽑는다면 적어도 모든 색깔을 2개씩 뽑을 수 있습니다.
   따라서 15회 뽑는다면 적어도 한 가지 색깔의 구슬을 3개 꺼낼 수 있습니다.

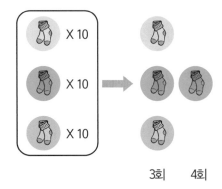

2. 30개의 양말이 서랍에 있습니다.
   오른쪽 그림과 같이 양말을 3회 뽑으면 적어도 모든 종류의 양말을 한 장씩 꺼낼 수 있습니다. 따라서 4회째 같은 사람의 양말이 항상 2개가 나옵니다.

기초 문제 38

정답 5000050000

해설

자연수에서 처음 수를 a, 마지막 수를 l이라 하면, a부터 l까지 연속된 자연수의 합은 $\dfrac{n(a+l)}{2}$ 이므로 1부터 100000까지의 합은 $\dfrac{100000 \times (1+100000)}{2} = 5000050000$ 입니다.

기초 문제 39

정답 35가지

해설

시작점부터 갈래 길에 이르는 길의 경우의 수를 적어 나갑니다. A에서부터 오른쪽으로 직진하는 길과 위로 직진하는 길은 모두 한 가지 길밖에 없고, 두 길이 만나는 모퉁이는 왼쪽과 아래쪽 길의 경우의 수의 합과 같습니다. 따라서 모든 갈래의 경우의 수를 적으면 다음 그림과 같고, 최단 거리의 경우의 수는 35가지입니다.

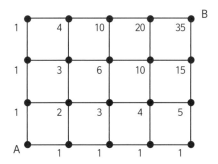

정답 18

해설

시작점에서 P지점까지 가는 최단 거리 경우의 수와 P지점에서 끝점까지 가는 최단 거리 경우의 수를 구하여 곱하면 됩니다. 왜냐하면, 두 경우 모두 시작점에서 끝점으로 가는 사건과 관련이 있기 때문입니다.

시작점에서 P지점까지 가는 최단 거리 경우의 수는 3가지입니다.

P지점에서 끝점까지 가는 최단 거리 경우의 수는 6가지입니다.

따라서, 최단 거리 경우의 수는 $3 \times 6 = 18$입니다.

기초 문제 41

정답 126

해설

가로 방향 길의 경우의 수는 4가지, 세로 방향 길의 경우의 수는 5가지이므로, 같은 것이 있는 순열의 공식을 이용하면 다음과 같습니다.

$$\frac{(4+5)!}{4! \times 5!} = \frac{9 \times 8 \times 7 \times 6 \times 5 \times 4 \times 3 \times 2 \times 1}{(4 \times 3 \times 2 \times 1) \times (5 \times 4 \times 3 \times 2 \times 1)} = 126$$

정답 해설 참조

해설

1부터 100까지 숫자 중 홀수의 합계를 구하는 알고리즘의 순서도는 아래 그림과 같습니다.

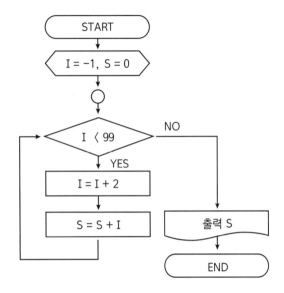

IT 영재를 위한

이산 수학(중등)

PART III

이산수학 문제해결 전략 풀이

[유형 1] _ 1번

정답 ③

해설

2019 × 2021을 거듭제곱 형태로 바꿉니다.

$$2019 \times 2021$$
$$= (2048 - 29) \times (2048 - 27)$$
$$= (2^{11} - 29) \times (2^{11} - 27)$$
$$= (2^{11})^2 - (27 + 29) \times 2^{11} + 27 \times 29$$
$$= 2^{22} - 56 \times 2^{11} + 783$$

$2^{22} - 56 \times 2^{11}$는 783에 비해 훨씬 크기 때문에 이 10진수를 2진수로 표현했을 때 783이 나타내는 자릿수에 영향을 주지 못합니다. 따라서 오른쪽에서 나타나는 연속된 2의 개수를 구하고 싶다면 783을 이진수로 나타내어 확인해야 합니다.

$$783 = 1100001111_{(2)}$$

따라서, 오른쪽에 나타나는 연속된 1의 개수는 4개입니다.

 [유형 1] _ 2번

정답 ③

해설

3부터 15까지 연속된 자연수의 합을 S라고 하면 빠진 수는 $S - 106$입니다.

'3부터 15까지 연속된 자연수 중에서 정확히 하나의 수만 뺀 나머지 수들의 합이 106이다'를 식으로 나타내면

$$(3 + 4 + 5 + \cdots + 15) - x = 106$$
$$x = (3 + 4 + 5 + \cdots + 15) - 106$$

3부터 15까지 연속된 자연수의 합은 $\dfrac{13 \times (3 + 15)}{2}$ 입니다.

$$x = \frac{13 \times (3 + 15)}{2} - 106$$

$$= 117 - 106$$

$$= 11$$

따라서, 빠진 수는 11입니다.

[유형 1] _ 3번

정답 ④

해설

20진수 16 13을 십진수로 고칩니다.

13에는 20^0을 곱하고, 16에는 20^1을 곱해서 구합니다.

$$16 \times 20^1 + 13 \times 20^0 = 333$$

따라서, 답은 333입니다.

[유형 1] _ 4번

정답 ④

해설

어른(●) 20명과 어린이(●) 2명이 있는 곳을 A라 하고 건너가야 하는 곳을 B라고 하자. 현재 배(▲)의 위치를 A와 B 옆에 표기합니다.

최초: A▲={●●●●●●●●●●●●●●●●●●●●●●}, B={ }

1. A={●●●●●●●●●●●●●●●●●●●●}, B▲={●●}

    어린이 두 명이 배를 움직여 B로 이동합니다.

2. A▲={●●●●●●●●●●●●●●●●●●●●●●}, B={●}

어린이 한 명이 배를 움직여 A로 이동합니다.

3. A={●●●●●●●●●●●●●●●●●●●●●}, B▲={●●}

어른 한 명이 배를 움직여 B로 이동합니다.

4. A▲={●●●●●●●●●●●●●●●●●●●●●●}, B={●}

어린이 한 명이 배를 움직여 A로 이동합니다.

이는 최초의 상태에서 어른 1명만 B로 움직인 것과 같습니다. 따라서 1~4 과정을 반복하여 어른 1명을 B로 옮길 수 있습니다. 옮겨야 하는 인원은 20명이므로 4×20=80회 만에, 강을 건널 수 있습니다.

[유형 1] _ 5번

정답 ②

해설

400년 중 윤년의 수를 세어 봅니다. 단, 100, 200, 300은 윤년이 아닙니다.

400/4=100입니다. 그러나 100년, 200년 300년은 윤년으로 들어가지 않으므로 400년 안에는 윤년이 100−3=97번 있습니다.

윤년이 97번이고 윤년이 아닌 해는 303번입니다. 따라서 366일은 97번, 365일은 303번 있습니다.

$366 \times 97 + 365 \times 303 = 146097$로, 7로 나누면 나머지가 0입니다.

따라서, 400년 뒤 M월 D일은 오늘인 월요일과 같은 요일입니다.

 **[유형1] _ 6번**

정답 ③

해설

짝수 점은 꼭짓점에서 선이 짝수개가 만나는 것이고 홀수 점은 꼭짓점에서 선이 홀수개가 만나는 것입니다.

한붓그리기가 가능한 도형은 짝수 점만 있거나 홀수 점이 2개인 경우이고, 두붓그리기는 종이에서 붓을 떼어 두 번에 그리는 것입니다.

 모두 짝수 점이므로 한붓그리기가 가능합니다.

 홀수 점 2개, 짝수 점 2개이므로 한붓그리기가 가능합니다.

 홀수 점이 4개이므로 한붓그리기가 불가능합니다. 두붓그리기가 가능합니다.

 홀수 점 2개, 짝수 점 3개이므로 한붓그리기가 가능합니다.

 홀수 점이 6개, 짝수 점이 1개이므로 한붓그리기가 불가능합니다. 두붓그리기가 불가능합니다.

정답 ②

해설

한 노드에서 다른 노드로 가는 모든 방향 그래프를 모두 지나야 하고, 선행작업을 끝내야 후작업을 진행할 수 있습니다.

장인 A와 B가 있다고 가정합니다.

A: $1 \to 4$, $1 \to 5$, $5 \to 7$, $4 \to 7$, $7 \to 9$, $7 \to 10$, $10 \to 11$ (7번)

B: $2 \to 5$, $3 \to 5$, $6 \to 8$, $5 \to 8$, $8 \to 9$, $9 \to 11$, $11 \to 12$: (7번)

장인 A는 빨간색, 장인 B는 파란색으로 정한 후 그림으로 나타내면 다음과 같습니다.

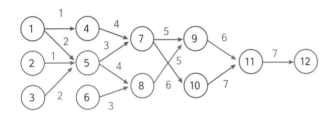

정답 15

해설

하노이의 탑에서 한 기둥에서 다른 기둥으로 원판을 하나씩 옮기기 위한 횟수는 $2^n - 1$입니다.
(n은 원판의 수)

만약 원판이 1개라면 다른 기둥으로 옮기면 됩니다. → $A_1 = 1$입니다.

만약 원판이 2개 이상이라면,

    1. 맨 밑의 원판을 제외한 나머지 원판들을 두 번째 기둥에 옮깁니다.

    2. 가장 밑에 있는 원판을 세 번째 기둥으로 옮깁니다.

    3. 두 번째 기둥에 있는 원판들을 세 번째 기둥으로 옮깁니다.

이 3번의 과정을 수열로 나타내면 $A_n = A_{n-1} + 1 + A_{n-1} = 2 \times A_{n-1} + 1$이 됩니다.

따라서 만약 원판이 2개라면 $A_2 = 2 \times A_1 + 1 = 2 \times 1 + 1 = 3$입니다.

만약 원판이 3개라면 $A_3 = 2 \times A_2 + 1 = 2 \times 3 + 1 = 7$입니다.

만약 원판이 4개라면 $A_4 = 2 \times A_3 + 1 = 2 \times 7 + 1 = 15$입니다.

그러나 규칙3으로 인해 두 개의 원판을 한 번에 옮길 수 있으므로, 두 개의 원판을 한 개의 원판으로 생각하고 문제를 풀 수 있습니다. 따라서 7개의 원판이 쌓여 있을 때는 4개의 원판이 쌓여 있는 문제라고 생각할 수 있습니다.

따라서 $A_4 = 15$이므로 7개의 원판을 다른 기둥으로 옮기는 데는 최소 15번이 필요합니다.

 **[유형 1] _ 9번**

정답 ②

해설

9글자 길이의 회문은 가운데를 중심으로 해서 앞 4글자, 뒤 4글자가 같은 문자로 이루어지도록 하면 됩니다. 앞의 5글자를 만든 뒤 앞 4글자를 그대로 문자열 뒤에 붙여서 완성하므로, 우리가 만드는 회문은 a, b, c를 이용해 5글자 길이의 문자열을 만드는 것과 같습니다.

문제를 빠르게 풀기 위해서 a→0, b→1, c→2 이렇게 문자를 숫자로 대체합니다.

00000

00001

00002 순으로 진행됩니다.

이러한 숫자는 3진법으로 생각할 수 있습니다.

이 숫자는 0부터 시작하기 때문에 200번째 숫자를 찾고 싶다면 199를 3진법으로 나타내면 됩니다.

199를 3진법으로 나타내면 $21101_{(3)}$이고 이 숫자를 다시 문자로 바꾸면 cbbab입니다.

따라서, 200번째로 오는 회문은 cbbababbc입니다.

 [유형 1] _ 10번

정답 89

해설

타일을 채우는 방법은 가로 모양의 타일 위치에 따라 달라집니다.

타일을 채우는 방법의 수는 가로 모양 타일의 위치에 따라 달라지므로 조합인 $_nC_r$을 사용하여 계산하면 됩니다.

세로막대 모양을 1, 가로막대 모양을 2라고 표현해 봅시다.

만들 수 있는 경우의 수는 다음과 같이 2가지가 있습니다.

    1111111111

    22222

1과 2를 조합하면, 다음과 같은 모양을 만들 수 있습니다.

    111111112

    11111122

    1111222

    112222

각각의 모양에서 만들 수 있는 경우는 조합을 통해 계산할 수 있습니다.

1. 111111112

    세로막대 9개 사이에 가로 모양 2, 한 개를 넣는 조합의 수이므로, $_9C_1=9$

2. 11111122

    세로막대 6개와 가로막대 2개 총 8개에서 세로막대 2개를 배치하는 조합의 수이므로, $_8C_2=28$

3. 1111222

    세로막대 4개와 가로막대 3개 총 7개에서 세로막대 3개를 배치하는 조합의 수이므로, $_7C_3=35$

4. 112222

    세로막대 2개와 가로막대 4개 총 6개에서 세로막대 4개를 배치하는 조합의 수이므로, $_6C_4=15$

따라서, 타일을 채우는 방법의 수는 $1+1+9+28+35+15=89$가지입니다.

[유형 1] _ 11번

정답 36

해설

네 가지 정다각형의 쌍을 모두 만들 수 있는 최소 개수의 성냥은 최소공배수를 이용해 찾아야 합니다.

정삼각형은 3의 배수의 성냥 개수가 필요합니다.

    정사각형은 4의 배수의 성냥 개수가 필요합니다.

    정오각형은 5의 배수의 성냥 개수가 필요합니다.

    정육각형은 6의 배수의 성냥 개수가 필요합니다.

3, 4, 5, 6의 최소공배수는 60이므로 총 60개의 성냥을 이용해서 네 가지 정다각형의 모든 쌍을 만들 수 있습니다.

n_1: 정삼각형의 개수, n_2: 정사각형의 개수, n_3: 정오각형의 개수, n_4: 정육각형의 개수라고 하면,

$60=3\times n_1+4\times n_2+5\times n_3+6\times n_4$입니다.

$n_1=4$, $n_2=4$, $n_3=4$, $n_4=2$라고 하면 이 식을 만족합니다.

n의 값이 불필요하게 크기 때문에 이 숫자를 줄여보면

$n_1=2$, $n_2=2$, $n_3=2$, $n_4=2$가 될 수 있습니다.

따라서 네 가지 정다각형의 쌍을 모두 만들 수 있는 최소 개수의 성냥은,

$3\times 2+4\times 2+5\times 2+6\times 2=6+8+10+12=36$입니다.

※ 36으로 도형 2개씩 만들고 남는 수가 없어야 합니다.

  예) 1. 삼각형+오각형: 삼각형 2개+오각형 6개

      2. 사각형+육각형: 사각형 6개+육각형 2개

※ n의 값이 모두 1이면, 총합은 18이 됩니다. 이 경우 오각형과 육각형을 만들 수 있는지 따져 보면,
  $6\times 1+5\times 2+2$로 육각형 1개, 오각형 2개를 만들고 2가 남으므로 주어진 조건을 만족하지 못합니다.

[유형 1] _ 12번

정답 1

해설

한 자리 수: 1~9(9개)

  $1\times 9=9$

두 자리 수: 10~99(90개)

  $2\times 90=180$

세 자리 수: 100~999(900개)

  $3\times 900=2700$

네 자리 수: 1000~9999(9000개)

  $4\times 9000=36000$

다섯 자리 수: 10000~99999(90000개)

  $5\times 90000=450000$

여섯 자리 수: 100000~999999(900000개)

  $6\times 900000=5400000$

총 5,888,889이므로 백만 번째 자리 숫자는 여섯 자리 숫자 중 하나입니다.

백만 번째 자리는 여섯 자리 숫자 중 511,111번째 숫자입니다.

511,112/6을 하면 몫은 85,185이고 나머지는 1입니다.

따라서, 백만 번째 자리에 오는 숫자는 1입니다.

[유형 1] _ 1번

정답 ②

해설

7의 제곱수를 5로 나눈 나머지의 패턴을 발견해 문제를 해결하면 됩니다.

7^1을 5로 나눈 나머지는 2입니다.

7^2을 5로 나눈 나머지는 4입니다.

7^3을 5로 나눈 나머지는 3입니다.

7^4을 5로 나눈 나머지는 1입니다.

$7^5 = 7^4 \times 7$이므로 5로 나눈 나머지는 2입니다.

이런 식으로 7의 제곱수를 5로 나누면 나머지가 2, 4, 3, 1 순으로 반복됩니다.

$7^{2020} = (7^4)^{505}$이므로 나머지가 1이 됩니다.

[유형 1] _ 2번

정답 ⑤

해설

첫 번째 판에서 A가 승리할 경우에 대해 확률을 구한 다음, 모두 더하면 됩니다.

현재 1승 0패인 A가 승리할 경우는

- 승-승: $\frac{1}{2} \times \frac{1}{2} = \frac{1}{4}$

- 승-패-승: $\frac{1}{2} \times \frac{1}{2} \times \frac{1}{2} = \frac{1}{8}$

- 승-패-패-승: $\frac{1}{2} \times \frac{1}{2} \times \frac{1}{2} \times \frac{1}{2} = \frac{1}{16}$

- 패-승-승: $\frac{1}{2} \times \frac{1}{2} \times \frac{1}{2} = \frac{1}{8}$

- 패-승-패-승: $\frac{1}{2} \times \frac{1}{2} \times \frac{1}{2} \times \frac{1}{2} = \frac{1}{16}$

- 패-패-승-승: $\frac{1}{2} \times \frac{1}{2} \times \frac{1}{2} \times \frac{1}{2} = \frac{1}{16}$

입니다.

승리할 경우의 확률을 모두 더하면, $\frac{1}{4} + \frac{1}{8} + \frac{1}{16} + \frac{1}{8} + \frac{1}{16} + \frac{1}{16} = \frac{11}{16}$

따라서 A가 최종 승리할 확률은 $\frac{11}{16}$ 입니다.

 [유형 1] – 3번

정답 ①

해설

숫자 둘레를 사각형으로 테두리 했을 때, 6개의 사각형 내에는 반드시 가운데 숫자에 해당하는 지뢰가 있습니다.

0	0	1	가	1
나	3	3		1
			다	0
2	5		3	
	라			마

- 가운데 사각형: 6개의 사각형으로 둘러싸임
- 변 쪽에 위치한 사각형: 5개의 사각형으로 둘러싸임
- 꼭짓점에 위치한 사각형: 3개의 사각형으로 둘러싸임

우선 가장 왼쪽 위의 칸을 좌표를 (1, 1)로 두고 문제를 해결합니다.

'가'의 좌표: (4, 1)

'나'의 좌표: (1, 2)

'다'의 좌표: (4, 3)

'라'의 좌표: (2, 5)

'마'의 좌표: (5, 5)입니다.

1. 좌표 (5, 3)에 0이라고 적혀 있으므로 (4, 2) 좌표에는 지뢰가 없습니다.

2. 좌표 (5, 1)에 1이라고 적혀 있으므로 (4, 1) 좌표와 (4, 2) 좌표 중 하나에 지뢰가 있습니다.

1번에 의해 (4, 2) 좌표에는 지뢰가 없음을 알고 있으므로 (4, 1) 좌표에는 지뢰가 있습니다.

따라서 '가' 칸에는 지뢰가 있어 절대로 지우면 안 됩니다.

 [유형 1] – 4번

정답 ④

해설

첫 번째 실행에서 맨 우측으로 가는 숫자는 15입니다. 두 번째, 세 번째 실행에 해당하는 숫자를 찾는 문제입니다.

주어진 Bubble Sort 알고리즘에 따라 실행하면

첫 번째 실행: 5, 4, 8, 9, 1, 11, 12, 2, 6, 7, 10, 15

두 번째 실행: 4, 5, 8, 1, 9, 11, 2, 6, 7, 10, 12, 15

세 번째 실행: 4, 5, 1, 8, 9, 2, 6, 7, 10, 11, 12, 15

순으로 진행됩니다.

따라서 단계가 세 번 반복된 후, 배열의 오른쪽 끝에서 세 번째 자리에는 11이 존재하게 됩니다.

※ **버블 정렬**(bubble sort): 서로 이웃한 데이터들을 비교하며 가장 큰 데이터를 가장 뒤로 보내며 정렬하는 방식

 **[유형 1] _ 5번**

정답 ②

해설

1번 상자에 적힌 문장이 참이라면 2번, 3번 상자에 적힌 문장은 거짓이므로 공은 1번과 2번에 있게 되어 모순입니다.

2번 상자에 적힌 문장이 참이라면 1번, 3번 상자에 적힌 문장은 거짓이므로 1번과 3번 상자에 적힌 문장 사이에 모순이 발생합니다.

3번 상자에 적힌 문장이 참이라면 1번, 2번 상자에 적힌 문장은 거짓이므로 2번 상자에 공이 있습니다.

따라서 3번 상자에 적힌 문장이 참이며 금화는 2번 상자에 있습니다.

 **[유형 1] _ 6번**

정답 ④

해설

A가 고른 숫자를 a, B가 고른 숫자를 b라고 가정합니다.

    1. A, B 두 사람이 임의로 하나를 고를 수 있는 경우의 수

    2. a>b일 경우의 수

확률=(2)/(1)를 통해 구합니다.

A, B 두 사람이 임의로 하나를 고를 수 있는 경우의 수: $20 \times 20 = 400$

a>b일 경우의 수:

    A가 1을 골랐을 때: 0

    A가 2를 골랐을 때: 1

    A가 3을 골랐을 때: 2

    ......

A가 20을 골랐을 때: 19이므로 $0+1+2+3+...18+19=190$입니다.

따라서 A가 고른 값이 B가 고른 값보다 클 확률은 $\dfrac{190}{400} = \dfrac{19}{40}$ 입니다.

 **[유형 1] _ 7번**

정답 ④

해설

집합의 원소 개수를 구하는 방법으로 문제를 해결합니다.

$$n(A \cup B)=n(A)+n(B)-n(A \cap B)$$

A: 남편과 연결된 자식들의 집합

B: 부인과 연결된 자식들의 집합

$n(A)=9$, $n(B)=9$, $n(A \cup B)=12$이므로 $n(A \cup B)=n(A)+n(B)-n(A \cap B)$을 활용하면,

$12=9+9-n(A \cap B)$

$n(A \cap B)=6$이므로

결혼한 후에 태어난 자식의 수는 6명입니다.

 **[유형 1] _ 8번**

정답 ⑤

해설

12명을 이동시키려면 자동차를 3번 운행해야 하고, 자동차가 움직이는 동안 사람도 움직일 수 있게 해야 시간이 최소가 됩니다.

시간	자동차	사람
60분	20km	4km
48분	16km	3.2km
36분	12km	2.4km
24분	8km	1.6km
12분	4km	0.8km

1. 4명을 태우고 12km 지점까지 이동한 후 4명을 내려주고 출발점을 향하여 돌아갑니다.

2. 출발지를 향하여 8km 이동하면 4km 지점에서 걸어온 8명과 만나게 됩니다.(누적 시간: 1시간)

3. 4km 지점에서 만난 8명 중 4명을 태우고 12km를 이동하여 16km 지점에 4명을 내려주고 출발점을 향하여 돌아갑니다.

4. 8km 지점에서 남은 4명을 만나게 됩니다.(누적 시간: 2시간)

5. 8km 지점에서 4명을 태우고 목적지까지 12km 이동합니다.(누적 시간: 2시간 36분)

※ 자동차는 20km를 이동하는 데 1시간이 걸리므로, 12km를 이동하는 데는 36분이 걸림.

따라서, 모든 여행객이 목적지에 동시에 도착하여야 한다고 하면, 가장 빨리 도착할 수 있는 시점은 지금부터 2시간 36분 후입니다.

정답 ④

해설

처음에 모든 방문이 닫혀 있으므로 어떤 수의 약수가 짝수개이면 닫힌 상태이고, 홀수개이면 열린 상태에 있게 됩니다.

2, 5, 7은 약수가 2개이므로 모든 작업을 마쳤을 때 문이 닫혀 있는 상태입니다.

49는 약수가 3개이므로 모든 작업을 마쳤을 때 문이 열려 있는 상태입니다.

72는 약수가 12개이므로 모든 작업을 마쳤을 때 문이 닫혀 있는 상태입니다.

따라서 모든 사람이 모든 작업을 마쳤을 때 방문 상태가 다른 하나는 49번 문입니다.

※ 49의 약수: 1, 7, 49

※ 72의 약수: 1, 2, 3, 4, 6, 8, 9, 12, 18, 24, 36, 72

정답 ④

해설

1. 컵 A에서 k^R개의 빨간 공을 컵 B로 옮기면 컵 B에는 n개의 파란 공과 k개의 빨간 공이 들어있게 됩니다.

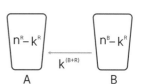

2. 이후 컵 B에서 k^{B+R}개의 공을 빼서 컵 A에 넣게 되면 컵 A에는 $n^R - k^R$개의 빨간 공과 k^{B+R}개의 공이 들어있게 됩니다.

$A = \{ \bullet_1 \cdots \bullet_n \} \; B = \{ \bullet_1 \cdots \bullet_n \}$

$A \to B$: k개 $\Rightarrow$ k개의 빨간 공이 B로 이동합니다.

$A = \{ \bullet_1 \cdots \bullet_{n-k} \} \; B = \{ \bullet_1 \cdots \bullet_n, \, \bullet_1 \cdots \bullet_k \}$

$B \to A$: k개 $\Rightarrow$ k개의 빨간 공과 $k-l$개의 파란 공이 A로 이동합니다.

$A = \{ \bullet_1 \cdots \bullet_{n-k+l}, \, \bullet_1 \cdots \bullet_{k-l} \} \; B = \{ \bullet_1 \cdots \bullet_{n-(k-l)}, \, \bullet_1 \cdots \bullet_{k-l} \}$

문제의 정의에 따라;

컵 A에 있는 파란 공의 개수, $x = k - l$

컵 B에 있는 빨간 공의 개수, $y = k - l$

따라서 항상 옳은 것은 $x = y$

[유형 1] _ 11번

정답 ④

해설

자연수 n을 1, 2, 3의 합으로 나타낼 수 있는 경우의 수를 $f(n)$이라고 설정합니다.

$f(1)=1, f(2)=2, f(3)=4, f(4)=7$

$f(4)=f(1)+f(2)+f(3)$

$f(n)=f(n-3)+f(n-2)+f(n-1)$이 됩니다.

따라서,

$f(5)=2+4+7=13$

$f(6)=4+7+13=24$

$f(7)=7+13+24=44$

$f(8)=13+24+44=81$입니다.

[유형 1] _ 12번

정답 ⑤

해설

이막대를 세로로 채우는 모양을 1, 막대 2개를 가로로 채우는 모양을 2라고 하자. (막대 하나로 가로를 채울 수 없다, 아래에 하나가 비므로)

1. 막대 하나를 이용해 타일을 채우는 경우의 수를 $f(1)$이라고 하면, 모양이 1로서, $f(1)=1$

2. 막대 두 개를 채우는 경우의 수를 $f(2)$라고 하면, 모양이 11, 2가 나오므로 $f(2)=2$

3. 막대 세 개를 채우는 경우의 수를 $f(3)$이라고 하면, 모양이 111, 12, 21로서 $f(3)=3$

4. 막대 네 개를 채우는 경우의 수를 $f(4)$라고 하면, 모양이 1111, 112, 121, 211, 22로서 $f(4)=5$

여기서 패턴을 발견하면, $f(n)=f(n-2)+f(n-1)$

따라서,

$f(4)=2+3=5$ $f(5)=3+5=8$

$f(6)=5+8=13$ $f(7)=8+13=21$

$f(8)=13+21=34$ $f(9)=21+34=55$

$f(10)=34+55=89$입니다.

[유형 1] _ 1번

정답 ③

해설

$N=2$, $N=3$일 경우에는 오른쪽 그림과 같은 방법으로 가짓수를 파악할 수 있습니다.

따라서, $N=2$일 경우에는 1가지 경우가, $N=3$일 때는 2가지 경우가 있습니다.

$N=4$일 경우는 수형도를 통해 가짓수를 파악합니다.

```
         N = 2
   ①     ②
   2      1    →  ①

         N = 3
   ①     ②     ③
   2 ─ 3 ─ 1    →  ①
   3 ─ 1 ─ 2    →  ②
```

```
   ①          ②          ③          ④

              1 ──────── 4 ──────── 3
   2 <        3 ──────── 4 ──────── 4
              4 ──────── 1 ──────── 3

              1 ──────── 4 ──────── 2
   3 <                   1 ──────── 2
              4 <        2 ──────── 1

              1 ──────── 2 ──────── 3
   4 <                   1 ──────── 2
              3 <        2 ──────── 1
```

따라서 $N=4$이면 9가지의 경우가 있습니다.

 [유형 1] _ 2번

정답 ③

해설

1. A팀이 이기려면 3번째, 4번째 경기에서 이기면 됩니다.

2. B팀이 이기려면 3, 4, 5, 6번째 경기에서 이기면 됩니다.

3. 3~7번째 경기에서 이기고 질 확률은 $2^5=32$가지입니다.

B가 이기는 경우의 수를 구해봅니다.

1경기	2경기	3경기	4경기	5경기	6경기	7경기
A	A	B	B	B	B	B
A	A	A	B	B	B	B
A	A	B	A	B	B	B
A	A	B	B	A	B	B
A	A	B	B	B	A	B
A	A	B	B	B	B	A

따라서 B가 이기는 경우의 수는 32가지 중 6가지로, 확률은 $\frac{6}{32} = \frac{3}{16}$ 입니다.

A가 이기는 확률은 $1 - \frac{3}{16} = \frac{13}{16}$ 입니다.

따라서, 우승상금 16억 원을 우승 확률을 가지고 배분하면 A팀에게 13억 원을 배정하는 것이 공정합니다.

[유형 1] _ 3번

정답 23

해설

오른쪽 그림과 같이 그려보고 재귀 호출 형태로 만들어 1의 개수를 파악합니다. 이런 식으로 그림을 그려서 확인하면 1의 개수는 총 23개가 나옵니다.

따라서, $f(2049)=23$입니다.

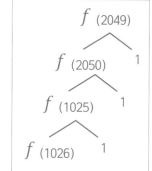

식을 풀어서 계산하면,

$$
\begin{aligned}
f(2049) &= f(2050)+1 \\
&= (f(1025)+1)+1 = f(1025)+2 \\
&= (f(1026)+1)+2 = f(1026)+3 \\
&= (f(513)+1)+3 = f(513)+4 \\
&= (f(514)+1)+4 = f(514)+5 \\
&= (f(257)+1)+5 = f(257)+6 \\
&\cdots \\
&= f(1)+23 \\
&= 23
\end{aligned}
$$

그림으로 풀었을 때와 같이 $f(2049)=23$이 나옴을 확인할 수 있습니다.

정답 ③

해설

$x=0$ 또는 1일 경우, 두 개의 동전 모두 뒷면에 A가 나올 확률은 0입니다.

$x=2$일 경우, 두 개의 동전 모두 뒷면에 A가 나올 확률은 $\frac{2}{10} \times \frac{1}{9} = \frac{2}{90}$ 입니다.

$x=3$~8까지 구한 다음 가장 큰 x의 값을 구하면 됩니다.

$x=3$일 경우, 두 개의 동전 모두 뒷면에 A가 나올 확률은 $\frac{3}{10} \times \frac{2}{9} = \frac{6}{90}$ (약 0.066)

$x=4$일 경우, 두 개의 동전 모두 뒷면에 A가 나올 확률은 $\frac{4}{10} \times \frac{3}{9} = \frac{12}{90}$ (약 0.133)

$x=5$일 경우, 두 개의 동전 모두 뒷면에 A가 나올 확률은 $\frac{5}{10} \times \frac{4}{9} = \frac{20}{90}$ (약 0.222)

$x=6$일 경우, 두 개의 동전 모두 뒷면에 A가 나올 확률은 $\frac{6}{10} \times \frac{5}{9} = \frac{30}{90}$ (약 0.333)

$x=7$일 경우, 두 개의 동전 모두 뒷면에 A가 나올 확률은 $\frac{7}{10} \times \frac{6}{9} = \frac{42}{90}$ (약 2.099)

$x=8$일 경우, 두 개의 동전 모두 뒷면에 A가 나올 확률은 $\frac{8}{10} \times \frac{7}{9} = \frac{56}{90}$ (약 0.622)

따라서, 공평하게 동전 두 개를 한 번에 골라서 뒤집었을 때, 둘 다 뒷면에 A가 나올 확률이 0.4 이하가 되는 가장 큰 x의 값은 6입니다.

정답 ⑤

해설

1. 3L들이 물통에 물을 가득 채우면 3L의 물을 만들 수 있습니다.

2. 7L들이 물통에 물을 가득 채우면 7L의 물을 만들 수 있습니다.

3. 7L들이 물통에 물을 가득 채운 후 3L들이 물통에 물을 옮기면 4L의 물을 만들 수 있습니다.

4. 3L들이 물통에 물을 가득 채운 후 7L들이 물통에 물을 옮기는 것을 2번 반복하면 6L의 물을 만들 수 있습니다.

5. 3에서 3L들이 물통을 비운 후, 7L들이 물통에 있는 4L 물을 옮기면 7L들이 물통에는 1L만 남습니다.

6. 3L들이 물통에 물을 가득 채운 후 4에서 만든 6L가 들어 있는 7L들이 물통에 물을 가득 채우면 3L들이 물통에는 2L가 남습니다.

7. 7L들이 물통을 비운 후에, 3L가 든 물통의 물을 옮긴 후, 6에서 만든 2L의 물을 넣으면 5L의 물을 만들 수 있습니다.

따라서, 두 물통을 이용하면 1L, 2L, 3L, 4L, 5L, 6L, 7L의 물을 모두 만들 수 있습니다.

[유형 1] _ 6번

정답 ②

해설

$2^{100} = (2^{10})^{10} = 1024^{10}$입니다.

⇒ $1024^{10} = (1000+24)^{10}$이고, 1000과 어떤 수를 곱하던 10의 자릿수는 항상 0이기 때문에 이 수의 10의 자릿수를 정하는 것은 24^{10}입니다.

$24^{10} = (24^2)^5 = 576^5$입니다.

⇒ $576^5 = (500+76)^5$이고, 500과 어떤 수를 곱하던 10의 자릿수는 항상 0이기 때문에 이 수의 10의 자릿수를 정하는 것은 76^5입니다.

$76^5 = 76^2 \times 76^2 \times 76$입니다.

⇒ $76^2 = 5776 = (5700+76)$이므로 76의 제곱은 76과 10의 자리가 같습니다. 즉, 76^5의 10의 자리는 76^3의 10의 자리와 같습니다.

$76^3 = 76^2 \times 76$입니다.

⇒ 위와 같은 이유로 76^3의 10의 자리는 76^2의 10의 자리와 같습니다.

$76 \times 76 = 5776$이므로 10의 자릿수는 7입니다.

[유형 1] _ 7번

정답 33

해설

루트 노드에서 각 잎 노드까지 경로의 길이를 구해봅니다.

최대 경로의 길이는 32이므로 다른 경로 모두 동일한 32가 되도록 가중치를 증가시키면 됩니다.

오른쪽 그림과 같이 가중치를 증가시키면 총 33의 가중치를 증가시켜 모든 경로의 길이가 32가 됩니다.

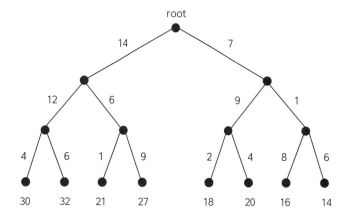

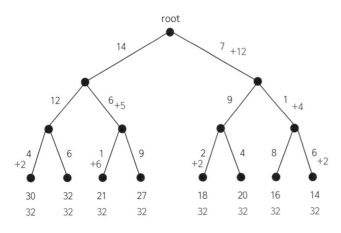

따라서, 증가시키는 가중치의 합은 33입니다.

(가중치의 합이 최소가 되려면 중복되는 경로의 가중치를 많이 증가시키는 것이 효율적입니다. 따라서 루트에서 가까운 쪽의 경로부터 내려오면서 가중치를 증가시킵니다.)

※ 증가시키는 가중치의 합: 12+5+4+2+6+2+2=33

 **[유형 1] _ 8번**

정답 ③

해설

상자를 열었을 때 상자 아래에 빨간 글씨의 과일이 들어있다고 가정해봅니다.

키위 → 딸기, 딸기 → 참외, 참외 → 포도, 포도 → 자두, 4개 과일의 자리를 확인한 후에, 남은 사과 상자와 자두 상자 중 하나는 과일 이름이 정확하게 적혀있어야 합니다.

포도 상자를 열었을 때 자두가 나왔으므로, 자두 상자에는 키위가 나와야 하고, 사과 상자에는 사과가 정확히 들어있음을 알 수 있습니다.

따라서, 4개의 상자를 확인하면 2개의 상자에 어떤 과일이 들어있는지 유추할 수 있으므로, 최악의 경우 열어야 하는 상자의 최소 개수는 4개입니다.

[유형 1] _ 9번

정답 ①

해설

1번 무더기에 돌이 1개, 2번 무더기에 돌이 2개, 3번 무더기에 돌이 3개 들어있다고 가정해봅니다.

첫 번째로,

    1. A가 3번 무더기에서 돌 한 개를 가져옵니다.

    2. B가 3번 무더기에서 돌 두 개를 가져옵니다.

    3. A가 2번 무더기에서 돌 한 개를 가져옵니다.

    4. B가 2번 무더기에서 돌 한 개를 가져옵니다.

    5. A가 1번 무더기에서 돌 한 개를 가져옵니다.

이런 식으로 A가 승리하게 됩니다.

A가 첫 번째 방법에서 승리했으므로 B가 이기기 위해서 2번에서 돌을 한 개만 들고 오도록 해봅니다.

두 번째로,

    1. A가 3번 무더기에서 돌 한 개를 가져옵니다.

    2. B가 3번 무더기에서 돌 한 개를 가져옵니다.

    3. A가 2번 무더기에서 돌 두 개를 가져옵니다.

    4. B가 3번 무더기에서 돌 한 개를 가져옵니다.

    5. A가 1번 무더기에서 돌 한 개를 가져옵니다.

이런 식으로 A가 승리하게 됩니다.

따라서, A가 돌무더기에서 처음에 3번 무더기에서 돌을 한 개만 선택하면 A가 승리할 수밖에 없습니다.

 [유형 1] _ 10번

정답 ⑤

해설

더하거나 곱했을 때 서로 다른 수를 찾아서 문제를 해결합니다.

$a \leq b$를 만족해야 하므로 숫자의 쌍은 (1, 1), (1, 2), (1, 3), (1, 4), (2, 2), (2, 3), (2, 4), (3, 3), (3, 4), (4, 4)
가 될 수 있습니다.

두 수의 곱은

(1, 1) → 1

(1, 2) → 2

(1, 3) → 3

(1, 4), (2, 2) → 4

(2, 3) → 6

$(2, 4) \rightarrow 8$

$(3, 3) \rightarrow 9$

$(3, 4) \rightarrow 12$

$(4, 4) \rightarrow 16$

다래가 처음 물음에 답을 모른다고 했으니 두 수 a와 b는 (1, 4)와 (2, 2) 둘 중 하나가 됩니다.

이 중 나은이가 들은 수와 다래가 들은 수가 다른 경우는 (1, 4)이므로 $a = 1$, $b = 4$입니다.

따라서, $a^2 + b^2 = 17$입니다.

 **[유형 1] _ 11번**

정답 ③

해설

문제에서 말하는 조건을 만족하는 그래프는 오른쪽 그림과 같은 그래프입니다.

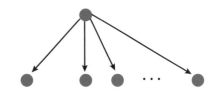

n개의 노드 중에 두 노드 a와 b에 대해, a에서 b를 향하는 방향선 간선$(a \rightarrow b)$이 존재하는 질의를 하는 함수 query(a, b)가 있습니다.

그림의 그래프의 중심 노드는 진입이 없고 모든 정점으로 진출되어야 합니다.

1. query(a, b)의 결과가 True인 경우, b는 진입이 있으므로 중심 노드에서 제외합니다.
2. query(a, b)의 결과가 False인 경우, 중심 노드는 모든 정점으로 진출되어야 하므로 a를 중심 노드 후보에서 제외합니다.

query(a, b)의 결과에 따라 n개의 중심 노드 후보가 하나씩 제거되므로 중심 노드를 찾기 위해서는 최소 $n - 1$번의 query 함수 호출이 필요합니다.

※ 유향 그래프는 다른 말로 방향 그래프라고도 합니다.

 **[유형 1] _ 12번**

정답 ③

[해설]

아래 그림과 같이 갈 수 없는 경로는 배제하고, 각 점에 대해 1, 2, 3, 4, 5번을 붙여 생각합니다.

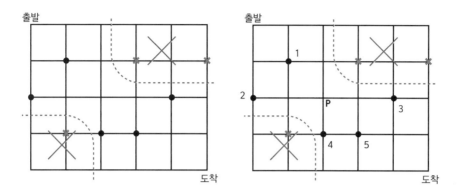

오른쪽 또는 아래로 이동하는 것만 허용되므로 (1번, 2번), (3번, 4번), (3번, 5번)은 동시에 지나갈 수 없습니다.

1. 4, 5번을 지나가는 경우

출발점에서 4번과 5번만을 거쳐 도착지까지 가는 경우는 3가지가 있습니다.

2. 1번과 2번 중 1개를 지난 후에 3, 4, 5번 중 최소 1개를 지나는 경우의 수는

(출발점부터 1번 혹은 2번을 지나 P까지 가는 경우의 수) × (P부터 3, 4, 5번 중 하나를 지나서 도착 지점까지 가는 경우의 수)입니다.

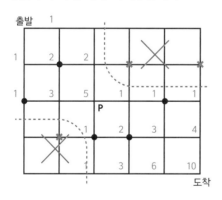

2번의 경우는 5 × 10 = 50가지입니다. 따라서, 1번 경우와 2번 경우를 더한 경로의 개수는 3+50=53가지 입니다.

PART
IV

이산수학 4개년 기출문제
풀이

[1차 대회] _ 1번

정답 ①

해설

x, y, z는 각각 왼쪽에 있는 수와 오른쪽에 있는 수의 평균값입니다.

$x=(30+y)/2$ ……①

$y=(x+z)/2$ ……②

$z=(y+50)/2$ ……③

3개의 식의 양변에 2를 곱하면,

$2x=30+y$ ……④

$2y=x+z$ ……⑤

$2z=y+50$ ……⑥

양변을 더하면, $2x+2y+2z=x+2y+z+80$

정리하면, $x+z=80$

②에서 $y=40$, ①에서 $x=35$, ③에서 $z=45$

그러므로 $x+y+z=120$

[1차 대회] _ 2번

정답 ⑤

해설

규칙성을 찾아봅니다. 어떤 수의 거듭제곱으로 만들어지는 1의 자리 숫자는 일정한 규칙성을 보이는 경우가 많습니다.

$7^1 = 7$　　　　$7^2 = {\sim}9$　　　　$7^3 = {\sim}3$　　　　$7^4 = {\sim}1$　　　　$7^5 = {\sim}7$　　　　$7^6 = {\sim}9 \cdots$

7, 9, 3, 1 이 반복되는 규칙성을 보입니다.

$2014 \div 4 = 503 \cdots 2$

그러므로 마지막 자리 숫자는 9입니다. (7, 9, 3, 1: 이 네 숫자를 패턴의 마디라고 합니다.)

정답 ⑤

해설

주어진 너비를 오른쪽 그림과 같이 4개의 삼각형과 1개의 정사각형으로 나눠서 계산합니다.

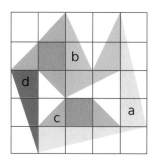

a의 너비=2, b의 너비=1, c의 너비=$\frac{1}{2}$, d의 너비=$\frac{3}{2}$, 정사각형의 너비=1

따라서 색칠된 영역의 면적은,

$(a \times 2) + (b \times 3) + (c \times 5) + (d \times 1) + (1 \times 2)$

$= 2 \times 2 + 1 \times 3 + \frac{1}{2} \times 5 + \frac{3}{2} \times 1 + 1 \times 2 = 13$

 [1차 대회] _ 4번

정답 ⑤

해설

$$걸린 \ 시간 = \frac{이동 \ 거리}{속력}$$

도로의 거리를 x라 합시다.

$$A = (\frac{x}{2}) \div 12 + (\frac{x}{2}) \div 4 \qquad B = (\frac{2x}{3}) \div 15 + (\frac{x}{3}) \div 5$$

정리하면, $6A = x$, $A = \frac{x}{6}$, $9B = x$, $B = \frac{x}{9}$

그러므로 $A \div B = (\frac{x}{6}) \div (\frac{x}{9}) = \frac{3}{2}$

 [1차 대회] _ 5번

정답 ④

해설

일의 자리 숫자들을 계산하면 A+B+C=A입니다. 이 식이 성립되기 위해서는 B+C=10이어야 합니다.

십의 자리 수에 올림 값 1을 하면, 1+A+B+C=B가 됩니다.

A가 B보다 1이 작은 값임을 알 수 있습니다. (1+A=B)

백의 자리에서 숫자만 보면 1+A+B+C=10×C+B입니다.

1+A=B이고 B+C=10이므로 정리하면, 10C=10, C=1입니다.

그러므로 B=9, A=8이 됩니다. A+B+C=8+9+1=18입니다.

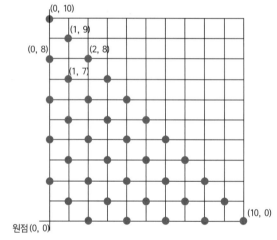 **[1차 대회] _ 6번**

정답 ③

해설

행은 행끼리 바꾸고 열은 열끼리 바꾸는 문제입니다.

패턴을 살펴보면 행은 (1, 2, 3, 4) (5, 6, 7, 8) (9, 10, 11, 12) (13, 14, 15, 16)의 자리바꿈으로 같은 행에는 같은 수 배열이 나와야 하고,

열은 (1, 5, 9, 13) (2, 6, 10, 14) (3, 7, 11, 15) (4, 8, 12, 16)으로 같은 열에는 항상 같은 수 배열이 나와야 합니다.

위의 조건을 만족하지 않는 보기는 ③입니다.

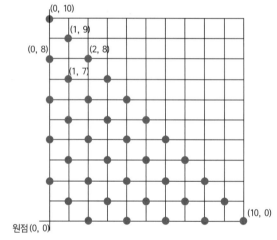 **[1차 대회] _ 7번**

정답 ②

해설

위로 이동하는 경우의 예를 들면, (0, 10)일 경우 10번 이동하고, (1, 9), (2, 8)일 때도 10번 이동하는 경우입니다. 이렇게 좌표평면에서 10번 이동하는 경우를 따지면 $10 \times 4 = 40$번입니다.

위로 9번 이동한 후 아래로 1번 내려온 (0, 8)도 10번 이동하는 경우입니다.

위로 8번, 오른쪽 1번, 아래로 1번 이동한 (1, 7)도 10번 이동하는 경우입니다.

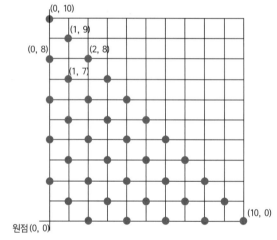

좌표평면에서 이런 경우를 모두 구하면 $8 \times 4 = 32$입니다.

짝수 번 이동하면 거리는 홀수 번째 위치에 도달할 수 없습니다.

예를 들어, 10번 이동해서 도달할 수 있는 거리는 원점에서 거리가 0, 2, 4, 6, 8, 10인 지점입니다. 전체적으로 마름모꼴 모양이 그려집니다.

$10 \times 4 = 40$ $8 \times 4 = 32$ $6 \times 4 = 24$

$4 \times 4 = 16$ $2 \times 4 = 8$

0 → 1번 (5번 갔다가 5번 돌아오는 경우)

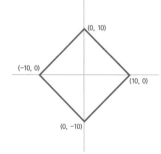

$40 + 32 + 24 + 16 + 8 + 1 = 121$

 **[1차 대회] _ 8번**

정답 ①

해설

1. 먼저 가짜 동전의 무게를 알아내야 합니다.

각 자루(10자루)에서 동전 1개씩을 가져와 무게를 잽니다. 만약 모두 정상 동전이라면 100g이어야 하는데 한 자루에 가짜 동전이 들어있다고 했으므로 그 차이만큼 무게가 다르게 나올 것입니다. 만약 99g이라면 가짜 동전의 무게는 9g일 것이고 102g이라면 가짜 동전은 12g일 것입니다.

2. 가짜 자루를 찾아내야 합니다.

만약 가짜 동전이 9g이라면 우리는 어떤 자루에 가짜 동전이 들어있는지 모르므로, 10개의 자루 중 1번째 자루에서는 동전 1개, 2번째 자루에서는 동전 2개, 3번째 자루에서는 동전 3개, … 10번째 자루에서는 동전 10개를 꺼내서 저울에 달아봅니다.

자루에 정상인 동전이 들었다면 무게가 10+20+30+ … +100=550이어야 하는데, 만약 1번 자루가 가짜라면 1만큼 차이가 나서 무게가 449g, 2번 자루가 가짜라면 448g, … 10번 자루가 가짜라면 10만큼 차이나는 440g이 될 것입니다.

저울을 한 번 사용하면 가짜 동전이 들어있는 자루를 찾을 수 있습니다.

그러므로
1. 가짜 동전의 무게를 먼저 알아낸 후,
2. 가짜 동전이 들어있는 자루를 찾아낼 수 있습니다.

 **[1차 대회] _ 9번**

정답 ②

해설

	검은 공 수의 변화	흰 공 수의 변화
흰 공 2개 꺼낼 때	검은 공 수+1	흰 공 수-2
검은 공 1개, 흰 공 1개 꺼낼 때	검은 공 수-1	흰 공 수 변화 없음
검은 공 2개 꺼낼 때	검은 공 수-1	흰 공 수 변화 없음

검은 공은 하나씩 감소하거나 증가합니다.
흰 공은 변화가 없거나 2개씩 감소합니다.

1. 검은 공 20개, 흰 공 16개일 경우

검은 공은 1개씩 줄거나 늘면서 결국 1개가 남을 수 있습니다. 그러나 흰 공은 계속 짝수 개를 유지하므로 홀수 1개가 남을 수 없습니다. 남은 공의 A는 검은색.

2 검은 공 20개, 흰 공 15개일 경우

흰 공은 변화가 없거나 2개씩 감소하므로 마지막에 공 1개가 남을 수밖에 없습니다. 그러므로 마지막 남은 1개는 흰색임을 알 수 있습니다.

 **[1차 대회] _ 10번**

정답 166

해설

규칙을 찾아봅시다. 삼각형의 수는 삼각형의 바깥쪽 변에 작은 삼각형을 붙여나가는 방식으로 증가합니다.

증가하는 개수는 0, 3, 6, 9, … 입니다.
그러므로 $n = 11$일 때 전체 삼각형의 개수는

$$1 + (1 \times 3) + (2 \times 3) + (3 \times 3) + (4 \times 3) + \cdots + (10 \times 3)$$
$$= 1 + (1 + 2 + 3 + 4 + \cdots + 9 + 10) \times 3$$
$$= 1 + 55 \times 3 = 166$$

 **[1차 대회] _ 11번**

정답 ④

해설

먼저 처음 만나는 위치를 찾은 후, 한 번 마주친 후에는 얼마나 한 번씩 마주치게 되는지 원 트랙을 서로 반대로 도는 경우로 문제를 풀어봅시다.

1. 처음 마주치는 위치를 구합니다.

P 점에서 출발하여 A가 B와 처음 만나는 위치까지의 거리를 S라 합시다.
'시간=거리/속도'를 이용하면, 동시에 출발하여 만날 때까지 걸리는 시간이 같으므로,

$$\frac{S}{80} = \frac{240 - S}{120}$$

(A는 P를 출발하고 B는 Q를 출발하여 두 사람이 만나는 위치까지 총 이동한 거리: 90+70+80=240)

S=96m입니다.

2. 한 번 마주친 후에는 얼마나 한 번씩 마주치는지 구합니다.

A와 B가 같은 지점에서 서로 반대 방향으로 돌 경우 먼저 만나는지 계산합니다.

A와 B가 이동해야 할 거리는 400m입니다.

위 1번의 경우와 같은 방법으로 A와 B가 만나는 위치를 S라 하면,

$$\frac{S}{80} = \frac{400 - S}{120}, \ S=160m,$$ 즉 A가 160m 이동한 후에 B를 만납니다.

즉 A가 96m를 이동한 후 160m를 이동할 때마다 B를 만나게 됩니다.

그러므로 100바퀴 40000m를 이동하면 $\frac{40000 - 96}{160} = 249.6$ 이므로, 총 249+1=250번 만나게 됩니다.

[1차 대회] _ 12번

정답　②

해설

교환횟수가 최소가 되는 정렬은 선택정렬입니다.

선택정렬은

1. 주어진 리스트 중에 최솟값을 찾습니다.

2. 그 값을 맨 앞에 있는 값과 교체합니다.

3. 맨 처음 위치를 뺀 나머지 리스트를 같은 방법으로 교체합니다.

다음과 같은 순서로 진행됩니다.

1. 10, 40, 70, 20, 80, 30, 100, 50, 60, 90

2. 10, 20, 70, 40, 80, 30, 100, 50, 60, 90

3. 10, 20, 30, 40, 80, 70, 100, 50, 60, 90

4. 10, 20, 30, 40, 50, 70, 100, 80, 60, 90

5. 10, 20, 30, 40, 50, 60, 100, 80, 70, 90

6. 10, 20, 30, 40, 50, 60, 70, 80, 100, 90

7. 10, 20, 30, 40, 50, 60, 70, 80, 90, 100

두 수의 교환횟수의 최솟값은 7입니다.

정답 ③

해설

문제의 조건에 의해,

A, B, C가 가지고 있는 공은 모두 13개입니다. → a+b+c=13

A, B, C가 가지고 있는 공의 개수는 모두 다르고, 각각 하나 이상의 공을 가지고 있습니다. → a, b, c≥1

A는 가장 적은 공을 가지고 있고, C는 가장 많은 공을 가지고 있습니다. → a<b<c

세 조건을 통해 추측할 수 있는 공의 개수는 아래와 같습니다.

a=1일 때: (b=2, c=10), (b=3, c=9), (b=4, c=8), (b=5, c=7)

a=2일 때: (b=3, c=8), (b=4, c=7), (b=5, c=6), a=3일 때: (b=4, c=6)

	A	B	C	
1	1	2	10	×
2	1	3	9	×
3	1	4	8	
4	1	5	7	×
5	2	3	8	×
6	2	4	7	
7	2	5	6	×
8	3	4	6	×

A가 B와 C가 각각 몇 개의 공을 가지고 있는지 알 수 없으면 다음 중 하나입니다.

a=1일 때: (b=2, c=10), (b=3, c=9), (b=4, c=8), (b=5, c=7)

a=2일 때: (b=3, c=8), (b=4, c=7), (b=5, c=6)

C가 a=2 또는 a=1이라는 정보를 알고 있음에도 A와 B가 각각 몇 개의 공을 가지고 있는지 알 수 없었으면 8 또는 7개를 가지고 있을 때뿐입니다.

a=1일 때: (b=4, c=8), (b=5, c=7)

a=2일 때: (b=3, c=8), (b=4, c=7)

마지막으로 위의 4가지 중 B의 경우의 수가 2개 이상이 나오는 수는 b=4뿐입니다.

정답 34

해설

오일러의 한붓그리기 원리를 이용하여 최솟값을 찾아봅니다.

오일러의 한붓그리기는 간선으로 연결된 정점에서 연결된 간선의 개수에 따라 한붓그리기가 가능한지

판단할 수 있습니다.

정점에 연결된 간선의 개수가 홀수인 점이 2개일 경우, 한 점에서 출발하여 다른 한점에서 끝나는 한붓그리기를 할 수 있고, 모든 간선의 개수가 짝수이면 어디에서 시작하든지 다시 돌아오는 한붓그리기가 가능합니다.

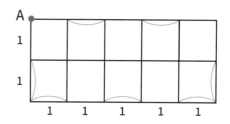

각 정점에 연결된 간선의 개수를 표시하면 홀수 점이 10개이므로 한붓그리기가 불가능해서, 간선의 개수가 홀수인 점에서 간선을 추가해 모든 정점의 간선 수를 짝수가 되게 만들어줍니다.

오른쪽 그림과 같이 간선을 추가하면 모든 점의 간선 개수가 짝수이므로 한붓그리기가 가능합니다.

간선 길이의 합을 구하면 최소 순환경로가 됩니다.

원래 있던 간선 길이의 합+추가한 간선 길이의 합=27+7=34

정답 ④

해설

가장 작은 경우를 몇 개 해보면서 규칙을 찾아봅니다.

임의의 수가

1, 2라면 1만 남습니다.

1, 2, 3이라면 0, 2만 남습니다.

1, 2, 3, 4라면 0, 2, 4만 남습니다.

1, 2, 3, 4, 5라면 1, 3, 5만 남습니다.

1, 2, 3, 4, 5, 6이라면 1, 3, 5만 남습니다.

규칙을 찾아보면 주어진 수들에 들어있는 홀수의 개수가 중요하다는 것을 알 수 있습니다.

칠판에 적힌 숫자 중 홀수의 개수가 짝수 개이면 최종적으로 짝수가 남고, 홀수의 개수가 홀수 개이면 홀수가 남습니다.

또한 홀수로 끝나는 경우에는 마지막 홀수까지 만들 수 있고, 짝수로 끝나는 경우에는 바로 앞 홀수까지 만들 수 있습니다.

1에서 30까지는 홀수의 개수가 15개로 홀수 개이므로 칠판에 남을 수 있는 수는 1에서 30까지의 모든 홀수입니다.

그러므로 남을 수 없는 수의 모든 합은 2+4+6+ … +28+30=240입니다.

0◡0 [1차 대회] _ 1번

정답 ②

해설

N진수에서 오른쪽으로 연속으로 나타나는 0의 개수는 그 숫자가 N으로 나누어떨어지는 횟수를 의미합니다.

8은 2^3이므로 2를 소인수로 포함하는 짝수만 계산하면,
$2 \times 4 \times 6 \times 8 \times 10 = 8^2 \times \alpha$이므로 2^3으로 두 번 나누어떨어집니다.

0◡0 [1차 대회] _ 2번

정답 ①

해설

특정 그래프에서 두 정점을 간선으로 연결하면 각 정점에서 연결된 정점의 개수는 두 개가 늘어납니다. 각 정점에서 연결된 정점의 수를 모두 합하면 짝수가 되어야 합니다.

1, 1, 1, 2, 2, 2의 합은 9가 나오며, 홀수이므로 불가능합니다.

0◡0 [1차 대회] _ 3번

정답 ②

해설

더해서 10이 되는 네 정수의 순서쌍을 찾는 문제는 10조각으로 된 막대기를 3칸으로 나누는 문제와 같습니다.

예를 들어 위처럼 화살표를 배치할 경우 a, b, c, d는 각각 2, 3, 3, 2가 됩니다. 따라서 화살표 3개를 칸과 칸 사이의 9개 위치에 배치할 경우의 수는, (첫 번째 화살표가 위치할 수 있는 곳: 9개) × (두 번째 화살표

가 위치할 수 있는 곳: 8개)×(세 번째 화살표가 위치할 수 있는 곳: 7개)=9×8×7

이 중에서 화살표 간의 순서가 바뀌는 6가지 경우는 같은 순서쌍을 만들므로 $\dfrac{9×8×7}{6}$ = 84입니다.

 **[1차 대회] _ 4번**

정답 ④

해설

X원을 지불할 수 있을 때, X+5원과 X+8원을 지불할 수 있습니다.

그렇다면 X부터 연속으로 4개만 만들면 그 이후엔 모두 5원, 8원 우표로 지불할 수 있습니다.

보기의 숫자들부터 보면

24=8×3, 25=5×5, 26=5×2+8×2, 27=불가능

28[X] = 5×4+8

29[X+1] = 8×3+5

30[X+2] = 5×6

31[X+3] = 5×3+8×2

32[X+4] = 8×4

28부터 연속으로 4개를 만들 수 있으므로 28원 이후에는 모두 5원, 8원 우표로 지불할 수 있습니다.

[1차 대회] _ 5번

정답 ④

해설

E=1이 될 수 없습니다. A와 E를 곱한 값은 한 자리 자연수이어야 합니다.

그러므로 가능한 조합은 (A, E)=(2, 3) (2, 4) (3, 2) (4, 2)입니다.

1. (2, 3)일 때

```
    2  −  −  D      ← D는 4가 될 수 없습니다.
  ×          3
  ────────────────
    D        2      만족하는 D가 존재하지 않습니다.
```

(3, 2)일 때

```
    3  -  -  D
×           2
─────────────────
            3      홀수: 존재하지 않습니다.
```

2. (2, 4)일 때

```
    2  -  -  D
×           4
─────────────────
    8       2      D=8이 가능합니다.
```

```
    2  B  C  8
×           4
─────────────────
    8  C  B  2
```

$(2008+100B+10C) \times 4 = 8002+100C+10B$

$8032+400B+40C = 8002+100C+10B$

$390B-60C = -30$

$13B-2C = -1$

$13B+1 = 2C \qquad B=1, C=7$

(4, 2)일 때

```
    4  -  -  D
×           2
─────────────────
    4       만족하는 D가 존재하지 않습니다.
```

따라서, A=2, B=1, C=7, D=8, E=4

[1차 대회] _ 6번

정답 ②

해설

보기의 숫자를 가운데에 넣었을 때, 숫자들의 합이 같은 수가 되도록 짝을 지어주면 됩니다.

① 1

양 끝 숫자들을 (2, 13) (3, 12) (4, 11) (5, 10) (6, 9) (7, 8)로 짝지어 1 양쪽에 넣으면 모든 합을 16으로 만

들 수 있습니다.

② 6

(1, 13) (2, 12) (3, 11) (4, 10) (5, 9) ← 숫자들의 합이 14

(7, 8) ← 합이 15이므로 불가능합니다.

③ 7

양 끝 숫자들을 (1, 13) (2, 12) (3, 11) (4, 10) (5, 9) (6, 8)로 짝지어 7 양쪽에 넣으면 모든 합을 21로 만들 수 있습니다.

④ 13

양 끝 숫자들을 (1, 12) (2, 11) (3, 10) (4, 9) (5, 8) (6, 7)로 짝지어 13 양쪽에 넣으면 모든 합을 26으로 만들 수 있습니다.

[1차 대회] _ 7번

정답 ④

해설

정방형 칸에 9개의 숫자를 넣을 때 가로, 세로 대각선의 합이 모두 같으려면 9개의 숫자를 3으로 나눈 값이 합이 되어야 합니다.

1, 2, 3, 10, 11, 12, 19, 20, 21의 합을 3으로 나누면

$$\frac{(1 + 2 + 3 + 10 + 11 + 12 + 19 + 20 + 21)}{3} = \frac{99}{3} = 33 입니다.$$

따라서 가능한 X의 값은 33입니다.

[1차 대회] _ 8번

정답 ②

해설

89보다 작은 제곱수를 보면 1, 4, 9, 16, 25, 36, 49, 64, 81이 있습니다.

이 중 여러 방법으로 89를 만들 수 있지만 큰 제곱수로 이루어진 경우부터 표현해보면

89 = 81 + 4 + 4 (3개의 제곱수의 합)

89 = 64 + 25 (2개의 제곱수의 합)으로 나타낼 수 있습니다.

89는 최소 2개의 제곱수의 합으로 표현할 수 있습니다.

정답 ④

해설

A에서 C를 거쳐 B로 가는 최단 경로의 경우의 수는 A → C로 가는 최단 경우의 수와 C → B로 가는 최단 경로의 수의 곱으로 계산할 수 있습니다. (같은 것이 있는 순열의 공식으로 풉니다.)

$$A \to C: \frac{7!}{5! \times 2!} = 21$$
$$C \to B: \frac{7!}{4! \times 3!} = 35$$

그러므로 21 × 35=735

정답 ②

해설

두 개의 꼭짓점만 홀수의 차수를 가지도록, 최대한 적은 수의 선을 이미 있는 선들에 중복되게 그어서 홀수 차수들을 차단합니다. (차수란 한 점에서 연결된 점의 수입니다.)
간선 2개를 추가하면 2개의 꼭짓점만 홀수의 차수를 가지도록 하여 한붓그리기를 할 수 있습니다.

그러므로 원래 간선의 수=12, 추가 간선의 수=2
12+2=14

정답 ④

해설

10개의 숫자 중 제일 큰 수인 104를 제외하고 모두 더하면 99가 됩니다.
100~103의 숫자를 만들기 위해서는 4가 필요합니다.

정답 ⑤

해설

보기의 수들로 연산을 직접 해보면,

① 3: 3 → 10 → 5 (5가 나오면 그다음부터는 +5회) // 총 7회

② 5: 5 (5가 나오면 그다음부터는 +5회) // 총 5회

③ 7: 7 → 22 → 11 → 34 → 17 → 52 → 26 → 13 → 40 → 20 → 10 → 5 (5가 나오면 그다음부터는 +5회) // 총 16회

④ 8: 8 → 4 → 2 → 1 // 총 3회

⑤ 9: 9 → 28 → 14 → 7 (7이 나오면 그다음부터는 +16회) // 총 19회

 **[1차 대회] _ 13번**

정답 ⑤

해설

문제에서 제시한 화장실 바닥은 8 × 8 정사각형 모양이고 주어진 타일은 2 × 2 크기입니다.

일단, 화장실 바닥 면적을 2 × 2 크기와 4 × 4 크기로 잘라서 생각한 후 회전시키며 맞춰봅시다.

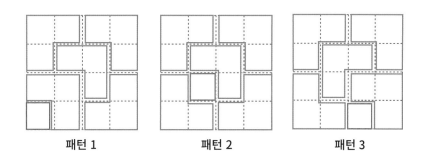

패턴 1   패턴 2   패턴 3

패턴 1을 회전시키면 A, C 배수구를 만들 수 있고, 패턴 2로 D 배수구를 만들 수 있습니다. 패턴3으로 B 배수구를 만듭니다.

그러므로 모두 배수구 위치로 가능하다는 것을 알 수 있습니다. 위의 그림과 같이 타일을 놓으면 A, B, C, D의 위치에 배수구를 만들 수 있으므로, 화장실 배수구의 위치로 불가능한 곳은 없습니다.

 **[1차 대회] _ 14번**

정답 ②

해설

전체 구슬의 수가 150개이고 모든 사람이 같은 수의 구슬을 가져야 하므로 한 사람이 15개씩 나누어 가지면 됩니다.

왼쪽부터 15개를 채워가면

	10	13	26	11	15	12	18	13	25	7
→	15	8	26	11	15	12	18	13	25	7
→	15	15	19	11	15	12	18	13	25	7
→	15	15	15	15	15	12	18	13	25	7
→	15	15	15	15	15	15	15	13	25	7
→	15	15	15	15	15	15	15	15	23	7
→	15	15	15	15	15	15	15	15	15	15

총 6번의 분배 작업이 필요합니다.

[1차 대회] _ 15번

정답 ②

해설

이진수를 활용하여 독이 든 와인을 찾는 문제입니다.

1000개의 와인 병에 1부터 1000까지 번호를 부여하고 각 번호를 이진수로 변환합니다.

이진법으로 변환된 수의 각 자릿수가 1인 경우 특정 생쥐를 매칭하고 해당 생쥐에 와인을 조금씩 먹입니다.

쉽게 설명하기 위해 와인 병의 수가 10개인 경우를 생각해봅시다.

와인 10병에 이진수로 번호를 부여합니다. 이진수로 번호 10개를 부여하기 위해서는 최소 4비트가 필요합니다.

10	9	8	7	6	5	4	3	2	1
1010	1001	1000	0111	0110	0101	0100	0011	0010	0001

그릇 4개를 준비하여 이진수로 번호를 붙인 와인들을 조금씩 섞은 후 생쥐 4마리에게 먹입니다.

4번 그릇	3번 그릇	2번 그릇	1번 그릇
4번째 자릿수가 1인 와인들을 넣는다.	3번째 자릿수가 1인 와인들을 넣는다.	2번째 자릿수가 1인 와인들을 넣는다.	1번째 자릿수가 1인 와인들을 넣는다.
10: 1010 9: 1001 8: 1000	7: 0111 6: 0110 5: 0101 4: 0100	10: 1010 7: 0111 6: 0110 3: 0011 2: 0010	9: 1001 7: 0111 5: 0101 3: 0011 1: 0001

생쥐에게 1~4번 번호를 부여하고 각 생쥐에게 해당 그릇에 담긴 와인을 먹게 합니다.

30일 후에 죽은 생쥐의 번호를 확인하면 어떤 와인에 독이 들었는지 알 수 있습니다.

만약 3번, 1번 생쥐가 죽었다면 0X0X: 라벨이 0101인 병에 독이 들어있습니다.

이런 방식으로 1000개의 와인 병을 검사하려면 최소 10마리의 생쥐가 필요합니다. 십진수 1000은 이진수 $1111101000_{(2)}$이고 최소 10비트가 필요하기 때문입니다. 문제에서 N의 값은 10입니다.

문제에서는 최대 K마리만 희생시키려고 하는 가능한 최솟값을 묻고 있습니다.

　　$1000 = 1111101000_{(2)}$ → 6마리 희생

그리고 10마리 모두 희생되는 경우인 $1111111111_{(2)}$인 경우를 빼면 와인은 1000병인데 검증할 수 있는 수는 $2^{10} - 1 = 1023$이며 9마리가 죽는 경우만으로 모든 수를 나타낼 수 있습니다. (와인 병을 구분할 수 있다.)

그런데 10자리 이진수에서 1000보다 작은 값 중에 9마리가 죽는 경우인 1인 비트 수가 9인 값은

　　$0111111111_{(2)} = 511$ → 1001

　　$1011111111_{(2)} = 767$ → 1002

　　$1101111111_{(2)} = 895$ → 1003

　　$1110111111_{(2)} = 959$ → 1004

　　$1111011111_{(2)} = 991$ → 1005

위의 5개 밖에 없으니 예를 들어 $1002 = 1111101010_{(2)}$처럼 (어쨌든 10자리 수 이내이므로) 와인 병이 1~1005까지 있다고 보고 511, 767, 895, 959, 991을 1001~1005로 대체합니다. 즉 1인 비트 수가 9인 값을 1001~1023 사이에서 비트 수가 9가 아닌 값으로 대체하면, 최대 8마리 생쥐를 희생시켜 독이 든 와인 병을 찾을 수 있습니다.

[1차 대회] _ 1번

정답 ③

해설

주어진 식을 변형하여 x^{2016}을 구하면 됩니다.

주어진 식을 인수분해하면 $(x^2+1)(x+1)=0$이 됩니다.

등식이 성립하기 위해서는 $x^2+1=0$ 또는 $x+1=0$을 만족해야 합니다.

이때 실수 범위 내에서는 $x^2+1=0$을 만족하는 실수는 존재하지 않으므로, $x+1=0$의 식만 성립합니다. 따라서, $x=-1$이므로 $x^{2016}=(-1)^{2016}=1$입니다.

[1차 대회] _ 2번

정답 ③

해설

오른쪽 끝에 연속적으로 나타나는 0의 개수는 주어진 수 x를 16으로 계속해서 나누었을 때 나누어떨어지는 횟수와 같습니다. 이는 십진수에서 오른쪽 끝에 0이 나타나는 경우를 생각해보면 이해하기 쉽습니다.

주어진 수 x는 1부터 20까지 곱한 값이므로 인수 2가 몇 번 곱해졌는지 구하면 됩니다. 1~20 중 2를 인수로 가지는 수는 2, 4, 6, …, 18, 20입니다.

수	2의 개수	수	2의 개수
$2=2^1$	1	$12=2^2 \times 3$	2
$4=2^2$	2	$14=2 \times 7$	1
$6=2 \times 3$	1	$16=2^4$	4
$8=2^3$	3	$18=2 \times 3^2$	1
$10=2 \times 5$	1	$20=2^2 \times 5$	2

따라서, $x=1 \times 2 \times \cdots \times 19 \times 20=2^{18} \times C$(단, C는 실수)로 표현할 수 있습니다.

이제 16이 몇 번 나왔는지 계산하면 됩니다. $16=2^4$이므로, 2^{18} 중 16은 총 4번 나옵니다.

※ $2^{18}=(2^4)^4 \times 2^2$

 **[1차 대회] _ 3번**

정답 ⑤

해설

최소 개수의 제곱수의 합으로 표현할 자연수를 x라고 할 때, 보다 작은 자연수 중 가장 큰 제곱수를 구합니다. 이 제곱수를 x에서 뺀 값에서 마찬가지로 그 값보다 작으면서 가장 큰 제곱수를 구합니다.

같은 방식으로 x를 최소 개수의 제곱수의 합으로 표현할 수 있습니다. 단, 주의해야 할 점은 위와 같은 방식으로 합을 표현했을 때의 개수보다 더 적은 개수로 표현할 수 있는지 확인해야 합니다.

11을 예로 들면, 11보다 작은 자연수 중 가장 큰 제곱수는 9입니다. 다음으로, 11−9=2이므로 2를 제곱수의 합으로 표현하면, 2=1+1이 됩니다.

따라서, 자연수 11은 11=9+1+1로 표현할 수 있습니다.

자연수	제곱수의 개수
11=9+1+1	3
12=4+4+4	3
13=9+4	2
14=9+4+1	3
15=9+4+1+1	4

따라서, 4개 이상의 제곱수가 필요한 두 번째로 작은 자연수는 15입니다.

 **[1차 대회] _ 4번**

정답 ④

해설

중복순열의 개념으로 문제를 해결할 수 있습니다. 그러나, 접근방식을 조금 달리하면 그보다 쉽게 풀 수 있습니다.

00000km에서 99999km 사이의 숫자를 각 자리에 1이 올 수 있는 경우를 나누어 생각해봅시다.

각 자리에 1이 올 수 있는 경우는 다음과 같습니다.

1. XXXX1 → X에 올 수 있는 수는 0~9, 총 10가지 가능하므로, 총 10^4=10000가지

2. XXX1X → 10000

3. XX1XX → 10000

4. X1XXX → 10000

5. 1XXXX → 10000

이때, 예시에 주어진 00111km과 같이 1이 여러 개 위치한 경우도 1, 2, 3에서 총 3번 세어지므로 모든 경우의 수를 빠짐없이 정확하게 구할 수 있습니다.

따라서, 정답은 50000입니다.

 **[1차 대회] _ 5번**

정답 ②

해설

분침은 1분에 6도씩 움직이며, 시침은 1분에 0.5도씩 움직입니다. 따라서, 시침과 분침은 1분에 5.5도씩 가까워집니다. 시침과 분침이 정확하게 겹칠 때 둘이 이루는 각도가 0도이므로 각도가 0이 되는 시간을 구하면 됩니다.

이때 주의해야 할 구간이 있습니다. 일반적으로는 각 시각 구간마다 1회 겹치게 됩니다.

그러나, 오전 10시~11시의 경우, $\dfrac{30 \times 10}{5.5} = \dfrac{600}{11}$ 분에 겹치게 되는데, 이는 종료 시각인 오전 10시 50분 이후이므로 세지 않는 것에 주의합니다.

또한, 오후 11시의 경우, $\dfrac{30 \times 11}{5.5} = \dfrac{660}{11} = 60$ 분 즉, 자정에 겹치게 되므로 이를 주의해서 횟수를 세야 합니다.

첫째 날		둘째 날	
구간	겹치는 횟수	구간	겹치는 횟수
오후 12시 1분~1시	0	오전 12시~1시	1
오후 1시~2시	1	오전 1시~2시	1
오후 2시~3시	1	오전 2시~3시	1
오후 3시~4시	1	오전 3시~4시	1
오후 4시~5시	1	오전 4시~5시	1
오후 5시~6시	1	오전 5시~6시	1
오후 6시~7시	1	오전 6시~7시	1
오후 7시~8시	1	오전 7시~8시	1
오후 8시~9시	1	오전 8시~9시	1
오후 9시~10시	1	오전 9시~10시	1
오후 10시~11시	1	오전 10시~11시	0
오후 11시~12시	0		

따라서, 정답은 20회입니다.

정답 ⑤

해설

《풀이1》

주어진 조건 3가지를 모두 만족하는 항의 값을 $n=1, 2, 3, 4$ 등 직접 대입하여 구한 후 각 항 간의 관계식을 구하면 됩니다.

1. **$n=1$일 때:** 사람이 한 명이므로 그룹을 나누는 방법은 1가지입니다.

2. **$n=2$일 때:** 사람이 두 명이므로 그룹이 한 개일 때와 그룹 두 개인 경우를 나누어 생각하면 가능한 방법은 총 2가지입니다.

3. **$n=3$일 때:** 문제에 총 4가지로 제시되어 있습니다.

1, 2, 3을 통해 다음과 같은 관계식을 만들 수 있습니다.

$a_n = a_{n-1} \times 2$ (단, a_n은 $n \geq 2$인 자연수, a_n은 n명을 문제에 제시된 조건을 만족하도록 그룹을 나누는 방법의 수)

따라서, $n=6$일 때 $a_6=32$입니다.

《풀이2》

6명을 1명씩 일렬로 쭉 나열해 놓았다고 생각하고, 이때 각 사람과 사람 간의 사이(총 5개)에 칸막이를 세우거나/세우지 않거나(2가지)의 경우의 수의 곱으로 풀 수 있습니다.

다음과 같이 ●을 사람, □을 칸막이라고 하면,
□마다 칸막이를 세우는 경우와 그렇지 않은 경우 2가지가 있습니다.

따라서, 사람이 6명일 때 칸막이 여부로 나눌 수 있는 그룹의 경우의 수는 $2^5=32$입니다.

정답 ③

해설

이 문제는 '최소 비용 신장 트리'를 이용해 문제를 풀어야 합니다. 최소 비용 신장 트리란 모든 꼭짓점을 함께 연결하는 간선이 사이클이 존재하지 않으면서 가중치의 합이 가능한 한 작은 신장 트리입니다.

컴퓨터 과학에서 크루스칼 알고리즘(Kruskal's algorithm)은 최소 비용 신장 부분 트리를 찾는 알고리즘입니다. 알고리즘으로 구한 최소 비용 신장 트리의 모습은 다음과 같습니다.

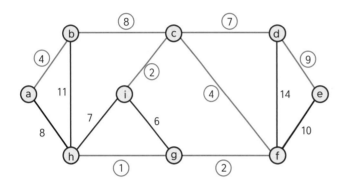

도시 h에서 탐색을 시작하여 도시 h와 연결된 도시 중 건설비용이 가장 적은 h-g를 선택합니다. 도시 g에서 마찬가지로 건설비용이 가장 적은 g-f를 선택합니다.

이와 같은 방식으로 도시에 연결된 도로를 사이클이 생기지 않으면서 최소 비용의 간선을 선택하면 위와 같은 결과를 얻을 수 있습니다.

정답은 37입니다.

정답 ③

해설

보기의 5가지 수를 주어진 조건에 맞는지 확인하여 문제를 해결하면 됩니다.

숫자	세 자리×한 자리	두 자리×두 자리	두 조건 성립
8100	900×9	90×90	○
8910	990×9	99×90	○
8928	992×9	96×93	○
8930	불가능		
9702	불가능		

따라서, 주어진 조건 모두 만족하는 보기의 수는 8100, 8910, 8928이고, 이 중 가장 큰 수는 8928입니다.

[1차 대회] _ 9번

정답 ⑤

해설

두 개의 사각형이라는 조건 외에 사각형에 대한 특별한 조건이 없다는 점을 명심해야 합니다. 일반 사각형을 생각할 경우 틀리기 쉬운데, 오목 사각형이 교차할 때를 생각할 수 있느냐가 이 문제를 푸는 관건입니다.

오른쪽 그림과 같이 오목 사각형이 교차할 때 가장 많은 교차점이 생깁니다.

따라서, 정답은 16개입니다.

[1차 대회] _ 10번

정답 ③

해설

최단 경로를 구하는 문제이므로, 중간의 오른쪽 위 방향의 대각선을 반드시 지나는 경로가 최단 경로임을 알면 쉽게 풀 수 있습니다. 왼쪽 위 방향의 대각선을 지날 경우 최단 경로가 될 수 없으므로 대각선은 지나면 안 됩니다.

1. 첫 번째 오른쪽 위 방향 대각선을 지나는 경우

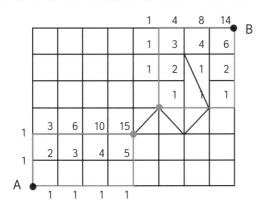

$15 \times 14 = 210$

2. 두 번째 오른쪽 위 방향 대각선을 지나는 경우

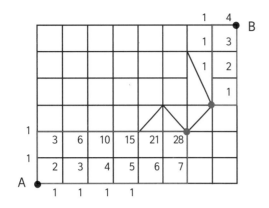

$28 \times 4 = 112$

따라서 1, 2의 경우의 수의 합을 구하면 $210+112=322$입니다.

정답은 322가지입니다.

[1차 대회] _ 11번

정답 ⑤

해설

어떠한 경우에 저울이 균형을 이루는지 알고 있으면 문제를 쉽게 해결할 수 있습니다. 줄로 연결된 저울에서, 다음의 식이 성립하면 저울은 균형을 이룹니다.

(왼쪽 추의 무게)×(왼쪽 추까지의 거리)=(오른쪽 추의 무게)×(오른쪽 추까지의 거리)

문제의 왼쪽 그림을 예로 들면, 가장 아래쪽 줄을 보면 $1\times2=2\times1$로 균형을 이루고 있는 것을 확인할 수 있습니다.

이 식을 이용하여, 오른쪽 그림의 저울이 균형을 이룰 수 있도록 식을 세워봅니다. 왼쪽에서부터 매다는 추의 무게를 a, b, c, d, e라 하면,

1. 가장 윗부분 저울이 균형을 이루는 경우

→ $a\times3+b\times1=(c+d+e)\times2$ → $3a+b=2c+2d+2e$

2. 오른쪽 아랫부분 저울이 균형을 이루는 경우

→ $c\times2+d\times1=e\times1$ → $2c+d=e$

이때 2에서 가능한 (c, d, e)의 경우의 수는 $(1, 2, 4)$, $(1, 3, 5)$, $(2, 1, 5)$입니다.

이중 (1, 2, 4)의 경우만 1을 만족할 수 있으므로 (a, b, c, d, e)=(3, 5, 1, 2, 4)입니다.

따라서, [*]에 해당하는 추의 무게는 5입니다.

정답 ②

해설

정해진 풀이법은 없으며, 각 자리에 나올 수 있는 경우를 논리적으로 사고하여 풀면 됩니다. 이 문제의 경우, 사고방식을 조금만 달리하면 쉽게 풀 수 있습니다.

A~G는 1~9의 자연수 중 하나이고, 모두 다르다는 조건만 알고 있습니다. 결국, 값을 일일이 대입하여 계산해야 하는데, A~E와 F에 값을 대입하여 GGGGGG를 구하는 방식으로 접근하면, A~F까지 6개의 변수를 고려해야 하므로 비효율적입니다.

이를 반대로 생각하면, F와 G만 결정하여 G를 F로 나누었을 때 나누어떨어지고, 그 몫의 각 자릿수가 모두 다른 것을 확인하면 됩니다. 따라서, G=9, F=8부터 대입하여 숫자를 줄여 가면서 문제를 풀어봅니다. , G=6, F=7일 때 ABCDE=95238로 각 숫자가 모두 다르게 나옵니다.

따라서, C=2, G=6이므로 C+G=8입니다.

정답 ④

해설

'이세돌 씨를 제외한 9명의 사람의 악수 횟수가 모두 다르다'라는 점을 이용하여 풀어야 하는 문제입니다. 먼저, 각 사람이 악수를 할 때 자신과 아내와는 악수를 하지 않으므로 각 사람이 가능한 악수 횟수는 0~8회입니다.

이때, 어떤 사람의 악수 횟수가 8회라면, 그 아내의 악수 횟수는 0회가 됩니다. 왜냐하면, 그 사람은 아내를 제외한 모든 사람과 악수를 했으므로, 아내를 제외한 다른 사람들은 모두 악수를 1회 한 것이 됩니다. 만약 아내의 악수 횟수가 0회가 아니라면, 다른 사람 중에 악수 횟수가 0회인 사람이 있어야 하는데, 이미 악수 횟수가 8회인 사람이 있으므로, 0회인 사람이 있을 수 없습니다. 따라서 모든 사람의 악수 횟수가 다르려면 8회한 사람의 아내는 악수를 0회 해야 합니다.

같은 원리로 악수를 7회한 사람의 아내는 1회, 6회한 사람의 아내는 2회, 5회한 사람의 아내는 3회로 짝지어지게 됩니다.

결과적으로 이세돌 씨의 아내는 악수를 4번한 것이 되며, 이세돌 씨 또한 4회한 것이 되게 됩니다.

 **[1차 대회] _ 44번**

정답 8개

해설

최대 두 번 사용하여 최대한 많은 철판 조각을 만들어야 하므로, 수직과 수평으로 각각 잘랐을 때 조각의 개수가 최대한 많이 생겨야 합니다.

1. **수평으로 자르는 경우:** 구간별로 자를 수 있는 경우는 7가지가 있습니다.(그림1)
2. **수직으로 자르는 경우:** 구간별로 자를 수 있는 경우는 8가지가 있습니다.(그림2)

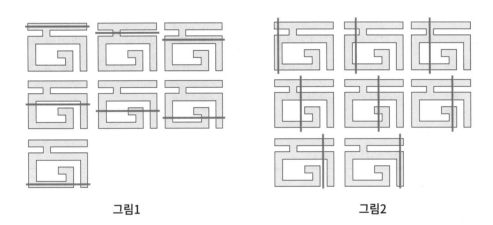

그림1   그림2

1과 2의 경우를 종합하여 2번 잘랐을 때 조각이 가장 많이 생성되는 경우는 오른쪽 그림과 같습니다.
조각난 철판의 개수를 세어보면 8개입니다.

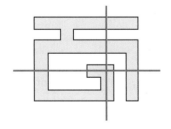

 **[1차 대회] _ 45번**

정답 12

해설

주어진 조건에서 단서를 찾는 것이 이 문제의 핵심입니다.

N은 열 자리 자연수이므로 가장 왼쪽 자리의 수가 0이 될 수 없다는 것을 알 수 있습니다. 만약, 가장 왼

쪽 자리의 수가 0이라면 결과적으로 아홉 자리 자연수가 되는 것이고 이는 열 자리 자연수라는 조건에 위배되기 때문입니다. 따라서, 가장 왼쪽 자리의 수는 1~9 중 하나입니다.

이런 식으로 각 자릿수에 알맞은 숫자를 넣으면서 따져줍니다.

표를 만들어서 알아보면 다음과 같습니다.

0	1	2	3	4	5	6	7	8	9
6	2	1	0	0	0	1	0	0	0

즉, 0은 6개, 1은 2개, 2는 1개, 6은 1개가 나오며, 숫자의 곱은 12가 됨을 알 수 있습니다.

4 2017년 정보올림피아드 1차 유형 이산수학 기출문제 풀이

 [1차 대회] _ 1번

정답 ④

해설

각 수를 거듭제곱하면서 일의 자릿수가 어떤 규칙을 가지는지 확인해봅니다.

자연수 N	N의 거듭제곱	반복되는 일의 자릿수
2	2, 4, 8, 16, 32, 64, 128, 256, ⋯	2, 4, 8, 6
3	3, 9, 27, 81, 243, 729, ⋯	3, 9, 7, 1
5	5, 25, 125, ⋯	5
7	7, 49, 343, 2401, 16807, ⋯	7, 9, 3, 1

반복되는 일의 자릿수는 위의 표와 같습니다.

즉 2^{2017}의 일의 자릿수는 2입니다. 왜냐하면, 2017=4×504+1이기 때문입니다.

마찬가지로, 3^{2017}의 일의 자릿수는 3, 5^{2017}은 5, 7^{2017}은 7임을 알 수 있습니다.

따라서, $2^{2017}+3^{2017}+5^{2017}+7^{2017}$의 일의 자릿수의 합은 2+3+5+7=17이므로 최종적으로 일의 자릿수는 7임을 알 수 있습니다.

 [1차 대회] _ 2번

정답 ⑤

해설

소, 염소, 거위가 각각 하루에 먹는 양을 a, b, c라고 하고 문제를 풀어봅시다.

소와 염소, 소와 거위, 염소와 거위가 각각 둘이서 풀밭의 풀을 먹을 때 45, 60, 90일이 걸린다고 합니다. 따라서, 풀밭의 풀의 총량은 45, 60, 90의 최소공배수의 배수입니다. 45, 60, 90의 최소공배수는 180이므로 풀의 총량은 180의 배수입니다.

1. 풀의 총량이 180인 경우

$(a+b)×45=180$, $(a+c)×60=180$, $(b+c)×90=180$이므로 정리하면 $a+b=4$, $a+c=3$, $b+c=2$입니다. 그러나, 이를 만족하는 a, b, c는 존재하지 않으므로 풀의 총량은 180이 될 수 없습니다.

2. 풀의 총량이 360인 경우

$(a+b)\times45=360$, $(a+c)\times60=360$, $(b+c)\times90=360$이므로 정리하면 $a+b=8$, $a+c=6$, $b+c=4$입니다.

이를 만족하는 a, b, c는 $a=5$, $b=3$, $c=1$입니다.

따라서, 소, 염소, 거위를 동시에 풀을 먹게 한다면 하루에 먹는 풀의 양은 9이고, 풀의 총량은 360이므로 40일 안에 풀을 다 먹을 수 있습니다.

 **[1차 대회] _ 3번**

정답 ③

해설

4진수 표기에서 오른쪽 끝의 숫자가 0이 나오기 위해선 주어진 수에 인수 4의 거듭제곱 형태가 있으면 됩니다. 즉 4가 곱해진 횟수만큼 오른쪽 끝에 0의 개수가 결정됩니다.

6^{2017}에서 4가 몇 번 곱해져 있는지 구하면 가장 오른쪽 끝에 나타나는 연속된 0의 개수를 구할 수 있습니다. 6^{2017}은 $6^{2017}=2^{2017}\times3^{2017}$로 표현할 수 있고, 이중 2^{2017}은 $2^{2017}=(2^2)^{1008}\times2=(4)^{1008}\times2$로 나타낼 수 있습니다.

즉, 6^{2017}에서 4는 총 1008번 곱해져 있으므로 오른쪽에서부터 0의 개수는 총 1008개라는 것을 확인할 수 있습니다.

 **[1차 대회] _ 4번**

정답 ⑤

해설

두 삼각형의 모형을 이용하여 삼각형부터 육각형까지 모양을 만들어 봅니다.
다음과 같이 임의의 삼각형을 놓아 삼각형, 사각형, 오각형, 육각형의 모양을 모두 만들 수 있습니다.

삼각형	사각형	오각형	육각형

[1차 대회] _ 5번

정답 ②

해설

위의 그림에서 알 수 있듯이 한 번의 칼질로 최대한의 조각을 만들려면 이전의 칼질들과 모두 겹치도록 해야 하고, 이때 이전의 칼질 횟수에 1을 더한 만큼 조각이 늘어난다는 것을 알 수 있습니다.

1회 → 2조각

2회 → 4조각=2+2

3회 → 7조각=2+2+3

4회 → 11조각=2+2+3+4

5회 → 16조각=2+2+3+4+5

6회 → 21조각=2+2+3+4+5+6

7회 → 28조각=2+2+3+4+5+6+7

8회 → 36조각=2+2+3+4+5+6+7+8

따라서 8회의 칼질이 필요합니다.

 **[1차 대회] _ 6번**

정답 ①

해설

사다리의 시작지점과 도착지점에서 동시에 따라간다고 생각해 봅시다.

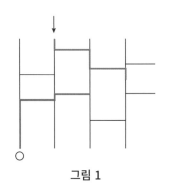

그림 1

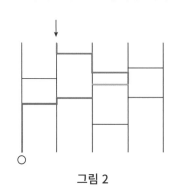

그림 2

이때 파란 선과 빨간 선이 만나야 하므로 3번째와 4번째 수직선 사이에 수평선을 그어야 합니다.(그림 1)
이때 노란색 선을 '하나' 추가하면 만날 수 있습니다.(그림2)
따라서, 그려야 할 수평선의 최소 개수는 1개입니다.

 **[1차 대회] _ 7번**

정답 ④

해설

이 문제는 집합의 멱집합 개수를 파악하면 구할 수 있는 문제입니다.
멱집합이란 주어진 집합의 모든 부분집합들을 원소로 가지는 집합입니다.
예를 들어, {a, b, c}와 같은 3개의 원소로 이루어진 집합의 멱집합을 모두 구하면,

  { }, {a}, {b}, {c}, {a, b}, {a, c}, {b, c}, {a, b, c}

이렇게 총 8개입니다. 따라서, 멱집합의 개수는 집합의 원소가 n개일 때 2^n개가 됩니다.

적어도 한 쌍이 악수를 하였고, 같은 사람과 악수를 하지 않았다는 조건이 있기에, X가 될 수 있는 집합의 개수를 구하려면 악수할 수 있는 쌍의 개수를 모두 구하고, 하나하나의 쌍을 집합의 원소로 갖는 집합의 멱집합을 구하면 개수를 구할 수 있습니다.

A, B, C, D 4명 중 2명이 쌍을 이루는 경우를 전부 구하면 {A, B}, {A, C}, {A, D}, {B, C}, {B, D}, {C, D}로 총 6개입니다. 즉 원소의 개수가 6개인 집합의 멱집합 개수는 2^6=64입니다.
그러나, 이때 문제의 조건에서 적어도 한 쌍이 악수를 했다고 가정했기 때문에, 공집합의 개수(즉, 아무도 악수를 하지 않은 경우) 1개는 전체 멱집합의 개수에서 제외해야 합니다.

따라서, 정답은 63입니다.

 **[1차 대회] _ 8번**

정답 ③

해설

유향 그래프이므로 먼저 정점 p에서 정점 z까지의 경로 중 불필요한 정점이 있으면 제거한 후 이동 방법을 찾아봅니다.
그래프를 보면 정점 m, n, q, t, u, x에 가지 못하거나, 가게 된다면 정점 z로 도달할 수 없다는 것을 알 수 있습니다.

필요 없는 정점들을 삭제하면 다음과 같은 정점들만 남습니다.

단순화된 그래프에서 정점 p에서 정점 z까지 가는 경우의 수를 세면

다음 5가지가 나옵니다.

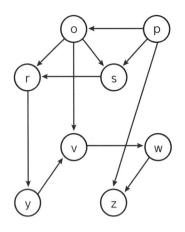

1. $p \rightarrow z$
2. $p \rightarrow o \rightarrow v \rightarrow w \rightarrow z$
3. $p \rightarrow s \rightarrow r \rightarrow y \rightarrow v \rightarrow w \rightarrow z$
4. $p \rightarrow o \rightarrow r \rightarrow y \rightarrow v \rightarrow w \rightarrow z$
5. $p \rightarrow o \rightarrow s \rightarrow r \rightarrow y \rightarrow v \rightarrow w \rightarrow z$

 [1차 대회] _ 9번

정답 ③

해설

이 문제는 말 그대로 적어도 세 개의 점을 지나는 직선의 개수를 구하는 것입니다. 그림에서 한 직선상에 놓일 수 있는 점의 개수는 최대 4개인 것을 확인할 수 있습니다. 따라서, 직선상의 점이 3개인 경우와 4개인 경우로 나누어 문제를 해결해봅시다.

1. **직선상의 점이 3개인 경우**

직선방향	가로	세로	대각선
직선 개수			
	3개	3개	10개

총 16개입니다.

2. **직선상의 점이 4개인 경우**

직선방향	가로	세로
직선 개수		
	2개	2개

총 4개입니다.

따라서, 1과 2에서 구한 직선의 개수를 더하면 총 20개입니다.

[1차 대회] _ 10번

정답 ④

해설

12시간 동안 분침은 12바퀴를 돌고 시침은 1바퀴를 돕니다. 시침과 분침은 같은 방향으로 돌고 있으니까 총 11번 겹칩니다.

시침과 분침이 1번 겹치는 동안 90도를 이루는 순간은 2번입니다. (90도, 270도)

그러므로 12시간 동안 11 × 2 = 22번 만큼 90도가 됩니다.

[1차 대회] _ 11번

정답 ④

해설

최단 거리를 구한 것이기 때문에 서로 연결된 정점은 2 이상 값이 차이 날 수 없습니다. 왜냐하면 간선의 길이가 1이기 때문에, 서로 연결된 정점의 차이는 최대 1일 수밖에 없습니다.

4번을 보면 정점 25와 정점 27이 연결되어 있다는 것을 알 수 있습니다.

이때 다른 간선을 통해 정점 27이 완성되었다 하더라도, 정점 25를 지나면 최소길이는 26이 될 수 있습니다.

따라서 잘못된 그래프는 4번입니다.

[1차 대회] _ 12번

정답 ②

해설

그래프 이론에서 선 그래프(線 graph, 영어: line graph)는 어떤 그래프의 변들을 정점으로 삼는 그래프입니다.

즉, 주어진 라인 그래프를 원래 그래프로 바꾼 후 문제를 풀어야 합니다.

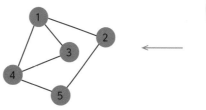

원래 그래프 G   라인 그래프L(G)

https://ko.wikipedia.org/wiki/%EC%84%A0_%EA%B7%B8%EB%9E%98%ED%94%84

한붓그리기가 가능한 경우에 대해 알고 있으면 문제를 쉽게 해결할 수 있습니다.

라인 그래프로부터 원래의 그래프를 만든 후 한붓그리기의 조건을 만족하는지 확인하면 됩니다. 한붓그리기의 조건은 그래프의 꼭짓점이 모두 짝수 점이거나 홀수 점이 2개 있다는 것입니다.

아래의 그래프는 라인 그래프로부터 원래의 그래프를 그린 것입니다.

G_1은 그래프의 모든 꼭짓점이 짝수 점이므로 한붓그리기가 가능합니다.

G_3는 그래프의 꼭짓점의 홀수 점이 2개이므로 한붓그리기가 가능합니다.

G_4는 그래프의 꼭짓점의 홀수 점이 2개이므로 한붓그리기가 가능합니다.

G_5는 그래프의 꼭짓점의 홀수 점이 2개이므로 한붓그리기가 가능합니다.

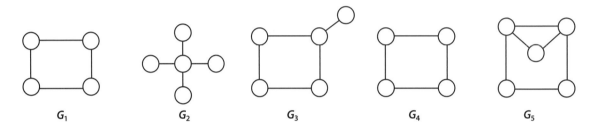

따라서, G_2를 제외한 모든 경우에 한붓그리기가 가능한 것을 확인할 수 있습니다.

(◡‿◡) [1차 대회] _ 13번

정답 ①

해설

작은 구슬 1개의 가치를 S, 중간 구슬 1개의 가치를 M, 큰 구슬 1개의 가치를 L이라고 가정합니다. 문제의 조건에 따라 식을 도출할 수 있습니다.

$9S=5L$, $9M=8L$입니다. 따라서, $S = \dfrac{5}{9}L$, $M = \dfrac{8}{9}L$입니다.

작은 구슬 a개와 중간 구슬 b개를 합쳐서 x개의 큰 구슬을 바꿀 수 있다고 가정합니다. 이를 식으로 표현하면 $a \times S + b \times M = x \times L$이 됩니다.

위의 S와 M의 L에 관한 식을 대입하여 정리하면 다음과 같습니다.

$$a \times \frac{5}{9}L + b \times \frac{8}{9}L = x \times L$$

$$5a+8b=9x$$

따라서, 위의 식을 만족하는 변수 a, b, x의 값을 구해야 합니다.

이때 x의 값이 홀수일 때와 짝수일 때로 경우를 나누어 각각의 경우 최솟값을 계산하면 됩니다.

1. 큰 구슬이 홀수 개수만큼 있을 때 (x=2k-1, 단, k는 자연수)

$5a+8b=9(2k-1)$

$k=1$, $5a+8b=9$를 만족하는 자연수 a, b는 없습니다.

$k=2$, $5a+8b=27$을 만족하는 자연수 a, b는 없습니다.

$k=3$, $5a+8b=45$를 만족하는 자연수 $a=1$, $b=5$가 존재하므로 $k=3$ 즉, $x=5$일 때 식을 만족합니다.

2. 큰 구슬이 짝수 개수만큼 있을 때 (x=2k, 단, k는 자연수)

$5a+8b=18k$

$k=1$, $5a+8b=18$를 만족하는 자연수 $a=2$, $b=1$이 존재하므로 $k=1$ 즉, $x=2$일 때 식을 만족합니다.

1과 2의 결과를 합쳐서 생각하면 최솟값 x는 2입니다.

 **[1차 대회] _ 14번**

정답 ①

해설

논리적으로 하나씩 접근해봅시다.

주어진 성질에서 얻을 수 있는 정보는 다음과 같습니다. $A[i]$가 배열 A에 포함된 i의 개수를 의미하므로 배열 내의 모든 원소의 합을 구하면 반드시 n이 나와야 합니다. 예를 들어 다음과 같습니다.

$A=(A[0], A[1], A[2], A[3], A[4])$에서 원소 0의 개수부터 4의 개수까지 다 더했을 때 무조건 개수의 합은 5가 되어야 합니다. 왜냐하면, 이 배열 A의 길이가 5이기 때문입니다.

$n=5$인 경우, $A[0]=2$, $A[1]=1$, $A[2]=2$, $A[3]=0$, $A[4]=0$입니다. 모든 i에 대해 $A[i]$는 배열 A에 포함된 I의 개수와 같다는 성질(*)을 만족합니다.

$n=6$인 경우 위의 성질을 만족하도록 표를 만들어 따져봅니다.

다음과 같이 여러 가지 숫자를 대입하면서 따져보아도 주어진 성질을 만족하는 배열을 만들 수 없다는 것을 알 수 있습니다.

2	2	0	1	1	0
A[0]	A[1]	A[2]	A[3]	A[4]	A[5]

n = 6

정답 ①

해설

주어진 식과 값을 이용하여 규칙을 찾아봅니다.

우리가 알고 있는 값은 $f(1)$~$f(5)$이므로 식을 사용하기 위해서는 $n=5$일 때부터 대입하면 됩니다.

$n=5$를 대입하면, $f(5)=f(1)+f(9)$이고, $f(5)=0$, $f(1)=1$이므로, $f(9)=-1$임을 알 수 있습니다.

$n=6$을 대입하면 $f(6)=f(2)+f(10)$입니다. $f(2)$를 제외한 나머지 함숫값은 모르기 때문에, 이 식을 이용하여 알 수 있는 것은 없습니다.

마찬가지로, 더 이상 n값이 커져도 그 값을 대입하여 얻은 식에서 알아낼 수 있는 것은 없습니다.

따라서, 오직 알 수 있는 사실은 $f(9)=-1$이라는 것입니다.

$n=9$를 대입하면, $f(9)=f(5)+f(13)$이고 $f(5)$와 $f(9)$를 알기 때문에 $f(13)$을 구할 수 있습니다. $f(13)=f(9)-f(5)=(-1)-0=-1$입니다.

즉, 우리가 구할 수 있는 함숫값은 $f(1), f(5), f(9), f(13), \cdots, f(4k-3)$(단, k는 자연수)입니다. 결국 공차가 4이고 첫째항이 1인 등차수열의 값들에 대해서만 확인할 수 있습니다.

$f(1)=1$, $f(5)=0$, $f(9)=-1$, $f(13)=-1$, $f(17)=0$, $f(21)=1$, $f(25)=1$, $f(29)=0$, $f(33)=-1$, $f(37)=-1$이므로 3개씩 나누어 나오는 패턴을 보면 1, 0, -1 / -1, 0, 1이 한 패턴으로 반복됩니다. $4k-3$에서 k값이 6마다 한 패턴이 반복됩니다. $2017=6\times336+1$이므로 패턴의 마디가 336번 반복되고 그다음 수는 1이 됩니다.

IT 영재를 위한

이산 수학(중등)

이산수학 모의고사

2022년 정보올림피아드
기출문제 풀이

정답 ③

해설

전위 순회(preorder)는 다음과 같은 순서로 노드를 방문합니다.

1. 현재 노드를 방문

2. 현재 노드의 왼쪽 하위 트리를 재귀적으로 순회

3. 현재 노드의 오른쪽 하위 트리를 재귀적으로 순회

전위 순회한 결과가 3-1-2-4이라면 트리의 루트는 3으로 확정됩니다. 이때 1은 3의 왼쪽 하위 트리의 루트이거나 오른쪽 하위 트리의 루트일 수 있습니다.

만약 1이 왼쪽 하위 트리의 루트라면, 2 역시 1의 왼쪽 하위 트리의 루트이거나 3의 오른쪽 하위 트리의 루트일 수 있습니다. 이때 2가 1의 하위 트리라면, 1과 4의 최대 거리는 오른쪽 그림과 같은 경우일 때 2입니다.

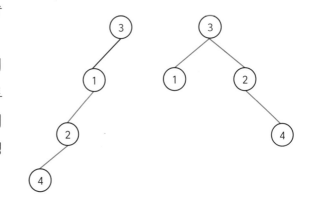

따라서 1과 4를 각각 3의 왼쪽 하위 트리와 오른쪽 하위 트리로 보내는 경우, 루트 3을 통과하는 경로를 선택하게 되어 거리가 멀어집니다. 이 경우 4가 위치할 수 있는 가장 먼 곳은 2의 리프로 이때 1과 4의 거리는 3으로 최대가 됩니다.

《참고》

이진 트리의 순회(traversal)란 이진 트리의 모든 노드를 특정한 순서대로 한 번씩 방문하는 것입니다.

1. **전위 순회**

    노드 방문 → 왼쪽 서브 트리 방문 → 오른쪽 서브 트리 방문

2. **중위 순회**

    왼쪽 서브 트리 방문 → 노드 방문 → 오른쪽 서브 트리 방문

3. **후위 순회**

    왼쪽 서브 트리 방문 → 오른쪽 서브 트리 방문 → 노드 방문

《참조 링크》

https://terms.naver.com/entry.naver?docId=2270429&cid=51173&categoryId=51173

정답 ①

해설

step 1: 첫 번째 조건에 의해 C와 A의 순서를 정할 수 있습니다.

step 2: 세 번째 조건에 의해 B가 5등임을 알 수 있습니다.

step 3: 두 번째 조건에 의해 E의 위치는 A와 B 사이입니다.

step 4: 네 번째 조건에 의해 D는 1등 혹은 2등일 수 있습니다. 이와 관계없이 3등은 항상 A이므로 정답은 보기 ①입니다.

 **[실전 모의고사] _ 3번**

정답 ④

해설

길이가 0인 간선으로 연결하고, 두 트리는 떨어져 있으므로 연결될 정점들이 각각 A, B와 얼마나 떨어져 있는지 구한 다음 그 합이 5가 되는 그룹을 찾으면 됩니다.

A, B와 정점 후보 사이의 거리는 아래와 같습니다.

- A-가=2
- A-나=3
- B-다=2

- B-라=1
- B-마=4

따라서 간선의 합이 되는 조합은 '나-다'입니다.

정답 ①

해설

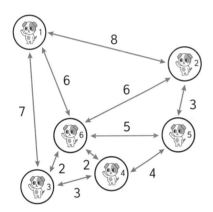

연료가 최대로 드는 길은 7, 8, 6 순입니다. 따라서 1번 섬의 강아지와 2번 섬의 강아지는 각각 연료가 6이 드는 길과 3이 드는 길로 나와야 합니다.

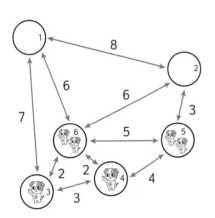

5번 섬의 강아지는 연료가 4가 드는 길을 선택해야 합니다.

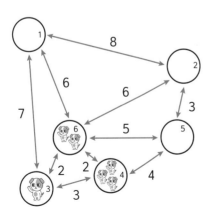

최종적으로 6번 섬에 2마리, 4번 섬에 3마리, 3번 섬에 1마리의 강아지가 위치합니다.

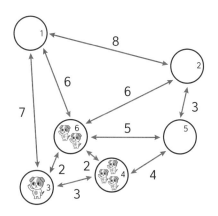

3번 섬과 4번 섬의 강아지를 6번 섬으로 모으는 경우, 3번 섬의 강아지를 6번 섬으로 옮긴 후, 3마리의 강아지를 4번 섬으로 옮기는 두 가지 경우가 가능하며 두 가지 모두 최종적으로 연료는 17이 사용됩니다.

 [실전 모의고사] _ 5번

정답 ②

해설

A팀, B팀으로 나누고 나머지 6명 중에서 3명을 선택하는 조합과 같습니다.

조합을 계산하면 다음과 같습니다.

$$_6C_3 = \frac{_6P_3}{3!} = \frac{6 \times 5 \times 4}{3!} = \frac{120}{6} = 20$$

 [실전 모의고사] _ 6번

정답 ④

해설

6개의 점을 배치할 때, 점 사이의 최소거리가 최대가 되는 경우는 각 점이 꼭짓점에 위치할 때입니다.

그리고 하나의 점을 더하여 나머지 6개의 점 사이의 최소거리가 최대가 되는 위치는 정육각형의 중점으로 이때 거리는 3입니다.

오른쪽과 같이 정육각형은 정삼각형 6개로 이루어져 있으며, 정육각형의 가운데 꼭짓점에서 정삼각형의 마주 보는 변으로 수선을 그으면, 높이가 3 이하가 됩니다.

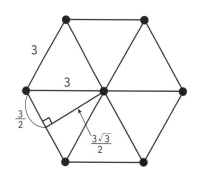

즉, 정육각형에서 임의로 두 개의 점을 찍을 때 생기는 두 점의 거리는 가운데 꼭짓점과 모서리 점의 거리는 3, 가운데 꼭짓점과 수선을 그었을 때 만나는 점의 거리는 3 이하가 됩니다.

따라서, 점을 어떻게 놓더라도 적어도 한 쌍의 점은 거리가 3 이하입니다.

정답 ③

해설

최초 무조건 1칸을 이동해야 합니다. 이후에는 1칸 또는 2칸을 이동할 수 있습니다. 점프 규칙은 바로 직전에 움직인 거리의 2배이므로 2, 4, 8과 같이 2의 지수 형태로 증가합니다. 따라서, 아래와 같이 계산하면 갈 수 있는 가장 가까운 좌표는 18입니다.

$$1+(1+2+4+8+16)=32$$
$$1+2+(1+2+4+8)=18$$
$$1+2+4+(1+2+4)=15$$

정답 27

해설

최소단위 동전인 7을 계속 더하면서 정수를 늘릴 수 있으므로 11과 9만을 이용해 만들어야 하는 수의 조합이 언제 나타나는지 구해야 합니다.

0	1	2	3	4	5	6
7	8	9	10	11	12	13
14	15	16	17	18	19	20=9+11
21	22=11+11	23	24	25	26	27
28	29	30	31=11+11+9	32	33=11+11+11	34
35	36	37	38	39	40	41
42	43	44	45	46	47	48

위의 표는 수를 7단위로 구분한 것으로, 붉은 화살표는 이후로 7만큼을 더해 모든 정수를 만들 수 있음을 의미합니다. 따라서 27 이후의 모든 정수를 정확하게 만들 수 있습니다.

[실전 모의고사] _ 9번

정답 ③

해설

6은 어느 쪽에서 보아도 가장 긴 막대기입니다. 따라서 6은 왼쪽에서부터 3번째, 4번째, 5번째 자리에만 위치할 수 있습니다.

《방법 1》 6이 5번째 자리

6번째 자리에 어떤 수가 와도 '오른쪽에서 보았을 때 2개의 막대기' 조건을 만족합니다. 따라서 1, 2, 3, 4, 5 중 하나의 숫자를 제외하고 '왼쪽에서 보았을 때 2개의 막대기' 조건의 문제를 푸는 것과 같습니다.

1. 1이 6번째 = 0+6+3+2 = 11

  가. 5가 1번째 = 0: 어떠한 경우라도 '왼쪽에서 보았을 때 2개의 막대기' 조건을 만족할 수 없습니다.

  나. 5가 2번째 = 6: 어떠한 경우라도 '왼쪽에서 보았을 때 2개의 막대기' 조건을 만족합니다.

    5를 제외한 3가지 숫자를 배열하는 방법은 $3 \times 2 \times 1 = 6$

  다. 5가 3번째 = 3: 1번 위치에 있는 막대기가 언제나 2번 위치에 있는 막대기보다 길어야 합니다.

    이는 4번째 위치에 갈 막대기를 고르는 경우의 수와 같습니다. 따라서 3입니다.

  라. 5가 4번째 = 2: 5, 6을 제외하고 가장 긴 막대기는 4입니다. 따라서 '왼쪽에서 보았을 때 1개의 막대기' 조건의 문제를 푸는 것과 같습니다. 즉 4가 첫 번째 자리에 고정되어야 하므로 가능한 경우의 수는 2와 3을 배열하는 2가지입니다.

2. 2가 6번째, 3이 6번째, 4가 6번째, 5가 6번째 → 모두 1이 6번째 자리에 간 경우와 같습니다.

따라서 방법 1은 $11 \times 5 = 55$가지 경우가 발생합니다.

《방법 2》 6이 4번째 자리

6의 오른쪽 숫자들은 이들 중 큰 수가 6번째 자리에 위치해야 '오른쪽에서 보았을 때 2개의 막대기' 조건을 만족할 수 있습니다. 따라서 6을 제외한 5개의 숫자 중에서 2개의 숫자를 고르는 경우의 수는
$_5C_2 = \dfrac{5 \times 4}{2!} = 10$입니다.

또한, 10가지 경우는 어떤 숫자가 선택되든 모두 같으며 왼쪽에 1-2-3이 위치한 경우를 예시로 들 때, 2-1-3, 2-3-1, 1-3-2의 3가지 경우가 가능합니다.

따라서 방법 2는 $10 \times 3 = 30$가지 경우가 발생합니다.

《방법 3》6이 3번째 자리

6의 왼쪽 숫자들은 이들 중 작은 수가 1번째 자리에 위치해야 '왼쪽에서 보았을 때 3개의 막대기' 조건을 만족할 수 있습니다. 따라서 6을 제외한 5개 숫자 중에서 2개의 숫자를 고르는 경우의 수와 같으며, 이는 $_5C_2 = \dfrac{5 \times 4}{2!} = 10$입니다.

또한, 10가지 경우는 어떤 숫자가 선택되든 모두 같으며 오른쪽에 1-2-3이 위치한 경우를 예시로 들 때, 2-1-3, 1-2-3의 2가지 경우가 가능합니다.

따라서 방법 3은 $10 \times 2 = 20$가지 경우가 발생합니다.

여섯 개의 막대기를 일렬로 세운 후, 왼쪽에서 보았을 때 3개의 막대기가 보이고, 오른쪽에서 보았을 때 2개의 막대기가 보이도록 세우는 서로 다른 방법의 수는 $55+30+20=105$입니다.

[실전 모의고사] _ 10번

정답 252

해설

A의 원소 중 절댓값이 가장 큰 수들은 -6, 6, -7입니다. 이 세 수를 곱하면 252로 $A[i] \times A[j] \times A[k]$의 최댓값입니다.

[실전 모의고사] _ 11번

정답 40

해설

2310을 소인수분해하면 다음과 같습니다.

$$2310 = 2 \times 3 \times 5 \times 7 \times 11$$

2, 3, 5, 7, 11로 인수 5개를 3개의 묶음으로 배치할 수 있습니다. $a \times b \times c$에서 a, b, c 각 자리에 올 수 있는 숫자의 개수를 순서쌍으로 나타내어 봅시다. 이때 2, 3, 5, 7, 11 외에 1이 오는 경우는 0개로 나타냅니다. 개수를 구성하는 순서쌍은 다음과 같습니다.

(0개, 1개, 4개), (0개, 2개, 3개), (1개, 1개, 3개) (1개, 2개, 2개)로 구성됩니다.

각각의 경우의 수를 구해봅시다.

$$(0개, 1개, 4개): \frac{5!}{0! \times 1! \times 4!} = 5$$

$$(0개, 2개, 3개): \frac{5!}{0! \times 2! \times 3!} = 10$$

$$(\text{1개, 1개, 3개}): \frac{5!}{1! \times 1! \times 3!} \div 2 = 10$$

$$(\text{1개, 2개, 2개}): \frac{5!}{1! \times 2! \times 2!} \div 2 = 15$$

각각 구하는 경우의 수는, 전체 개수(5!)를 각 자릿수(a, b, c)에 올 수 있는 경우의 수를 곱한 값으로 나누어 줍니다. 그리고 같은 개수를 갖는 (1개, 1개, 3개), (1개, 2개, 2개)는 같은 개수 구성만큼 나눕니다. 따라서 총 가짓수는 5+10+10+15=40입니다.

정답 888

해설

대각선 아래 방향으로만 나아갈 수 있으므로 시작점에서 끝으로 가기 위해서 노란색 A 지점과 B 지점 그리고 녹색 C 지점을 반드시 통과해야 합니다. 우선 A를 통과하는 경로 중 노란색 6칸과 B를 통과하는 경로 중 노란색 6칸을 채웠을 때 아이템을 하나만 가져갑니다. B의 화살표로 표시된 칸은 둘 중 하나만 들어가야 하므로 교차할 수 있습니다.

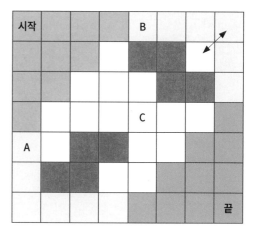

또한, C를 통과하는 경로 중 파란색과 녹색으로 칠한 양쪽 6개 중 하나에 아이템이 있을 때 가져가게 됩니다. 이들은 경로상에 쌍으로 존재하므로 마찬가지로 6칸의 후보가 있습니다. 따라서 A, B, C 경로 중에 겹치지 않고 아이템을 놓을 수 있는 칸은 6×6×6=216입니다.

또한, 시작점과 끝점을 중심으로 가까이 있는 쪽 녹색과 파란색에 아이템을 배치한다면 C의 경로를 통과하면서 가져갈 수 있는데 이 경우는 6가지입니다.

마지막으로 어떤 경로이든 통과하지 않는 칸이 분홍색 두 군데 있으므로 이 칸에 채우거나, 채우지 않거나 4가지를 선택할 수 있습니다. 따라서 가능한 경우의 가짓수는 (216+6)×4=888입니다.